My Life
by the San Francisco Bay

My Life
by the San Francisco Bay

裸食
日常

不只是裸食
還有舊金山灣滋養我的這些那些

蔡惠民
Min
My Life
by the San Francisco Bay

生活風格家好評

將對美食的熱愛延伸至細碎日常，轉角覓見古意，滿眼盡是詩句。多少歲月靜好，在 Min 的筆下躍於紙間。宛如抓撒一把好鹽，滲透入生活，看似平凡，卻不可或缺。你品，你細品，那些深藏在人生皺褶處的溫柔美好，人間煙火下的饒富滋味，婉轉流長，輕撫療癒。

梅子 Meg ｜生活食旅作家｜梅子家・過日子的幸福滋味版主

別以為《裸食日常》單純是惠民「最新一本」講究的飲膳食譜，她透過面對疾病後的積極和珍惜，深刻的帶我們扎扎實實、感官全開的過日子。她在灣區生活和探索的點滴，精挑細選，無私呈現。跟這本書一起走過，一起下廚，人生值得。

柯沛如｜共好食物文化推廣家｜作家

惠民一直是飲食料理界的先遣部隊，早在十多年前就力倡裸食與手作，一直是我和許多廚娘們心中的偶像。當我見到新書中的〈邁向直覺家廚之路〉，我笑了，因為只有長年在廚房為家人提供三餐的人才能心領神會。直覺家廚在廚房中，火裡來，水裡去，千錘百鍊換來無可取代的美味經驗值。《裸食日常》應該要成為家廚必備聖經，此書不僅傳遞了許多料理的寶貴知識，也傳遞了一種良善的生活態度。謝謝惠民將美好的料理態度帶入許多人的生活裡，而我就是其一的受惠者。

林珊旭｜安德昇藝術拍賣公司負責人

好書值得擁有，從惠民的《手作裸食》、《裸食廚房》，到最近出版的《裸食日常》。三不五時翻閱，總有意想不到的收穫，特別是《裸食日常》，更是擄獲我心。閱讀時心中常有驚喜：這不是我的想法嗎？有種找到知音的親切感，又有著不同思維的收穫。尤其是看到「直覺不是無師自通，也沒有所謂天賦異稟，必是以五感走廚，歲歲年年，將所做所學所知所察，融會貫通，方能收穫的匯聚結晶……你必須費盡全力，才能顯得毫不費力。」真想與惠民隔空擊掌，這絕對是資深廚娘才有的深刻體會啊！經過十年的醞釀，這本更加精彩，涵蓋內容豐富多樣，真正的有滋有味。

呂哲香｜刺繡工藝手作老師

才在目錄頁，便知這是真正的高手祕笈。惠民的筆精巧優美，讀來不費力，卻又滿是滋潤（正所謂 effortless chic 才是真功夫），她讓死忠歐洲派的我嚮往起美國西岸，讓細節控滿足了研究欲望與閱讀樂趣，用整篇文章談鹽，用「傲嬌」形容抹茶，多麼美妙！生活風格底蘊濃縮為一本書，我讀得享受著迷。

許育華｜旅歐專欄作家｜《戀物絮語》作者

Min 與我，是只見過兩次面的好姐妹。我是她裸食飲膳世界的粉絲，追隨著她舒雅的文字，以及一道道在自然光下定格的美味，擠出時間，拿起鍋鏟，循著她的食譜，美感與滋味都要學！在書中臥遊她在舊金山灣的生活風格，也讀到療癒我身心的同理。謝謝她如此珍視我們的友誼，十年後終於等來裸食新作。對！歡欣迎來 Min 用心解答她的裸食續篇與心情處方。

李絲絲｜前 The One 文化長

十多年前，Min 的第一本裸食著作出版時，「慢食」一詞在台灣還方興未艾；灣區那頭，早已過著「從產地到餐桌」的永續好生活。我讀著 Min 從當時自製祖傳番茄罐頭，一路走到此刻（第

四本著作）的祖傳桃子，她沐浴在春天桃花紛飛的農場，農夫是詩人，透過花雨傳遞心語，Min 形容，「那是『活在當下』的真切體驗。」Min 的書寫是老派長文，卻新鮮靈動，在不經意處落下記憶點，是料理時畫龍點睛的撒鹽，提味提鮮，永續也雋永。

游惠玲｜食物文化研究者

每月編輯《大誌》時，總能一眼認出惠民來。她獨特的筆調真誠直接，如與鄰家朋友對話一般，閱讀本書，像是和她一起共享了以食為核心的日常：無數次進出廚房、發掘食材、享受新菜色的成就感，並微笑面對偶爾的小失敗。無論是不是煮夫、煮婦，都能透過本書的新鮮視角，重新看待食與生活的關係。

陳芷儀｜《The Big Issue Taiwan 大誌雜誌》營運長暨主編

不管你是透過雜誌文章、部落格還是社群發文讀到作者的裸食相關文字，或是閱讀《KINFOLK 餐桌》的中文版譯文，都有巨大的收穫：不只有超乎想像的做菜方式、廚房老件的跳蚤市場情報，還有許多加州在地的特色店鋪、農場分享，以及在地飲食雜誌導覽，真好看！

黃威融｜跨界編輯人

（依姓名筆劃排列）

終於看見黝暗隧道前的那束光

距離上本書，間隔了十年。

在你接著要說：「好樣啊！十年磨一劍。」之前，請容我插嘴表明，之所以將「隔了十年才出書」這話掛在嘴邊，不是想討拍或被按讚，更加不是炫耀自得，若能剖心掏肺，你會知道，我想表達的，是難以置信加五味雜陳。知悉熟稔的朋友、家人們，應該約略明白，走到第四本書問世的這一段路有多艱辛。事實上，直至三年前，我依舊篤定：沒有第四本了。為何如此斬釘截鐵？只因過去十年有大半時間，都為腦霧（brain fog）所苦，不只腦霧，還伴隨各種怎麼樣也兜不在一塊兒的奇詭症狀，難倒一票中西醫及自然療法醫師們。「是壓力。」盯著電腦螢幕上屬於我的通盤檢查結果，一樣推敲不出所以然的全人整合醫學療法葛林醫師下了這個結論，接著說：「請問還有什麼我能幫妳的嗎？」我無言以對，只知道自己被放生，只能自力救濟了。

拿出追尋究極食材的刨根挖柢精神，還真被我找到了答案——自律神經失調，推估是長期壓力及焦慮導致，無特效藥治本，只能從日常作息、飲食餐膳、調適情緒、伸展肢體及翻轉大腦思維等面向著力。原以為有了診斷，一切就會順風順水，事實證明我想太多。從此爾後，圍繞著修復自律神經打轉的人生，難度和對抗地心引力相差無幾，所幸摩羯人別的沒有，倔強韌性不虞匱乏，就一路走到黑吧！反正也別無選擇（以下省略十

萬字）。一邊分分鐘都想含淚舉白旗投降，一邊又心有不甘咬牙匍匐前進，總算，看見黝黑隧道前的那束光。

這一切和書有什麼關係呢？關係可大了，不經一番寒徹骨，哪得梅花撲鼻香？好，不掉書袋，容我換上正經端肅的表情。這麼說吧！如果沒有跌到谷底，如何能收穫重生的自己？欠欸那段時日的掙扎撲騰，不會明瞭書寫對自己的意義，更別提書裡所有分享，是那段黯淡無光的人生裡，微不足道卻又舉足輕重的豐盛滋養。身處盛放桃花果園裡，內心喜樂像迎風的帆鼓漲；在珊卓拉的黑石牧場，遠眺波光粼粼太平洋，身心舒爽得像被打通任督二脈；咬下第一口鮮摘在欉紅粉紅蘋果那刻，多巴胺大噴發，渾身沐浴在 life is good 的光暈裡；下榻隱身參天紅木森林裡的 MCM 小木屋，神奇變身晨型人，字典找不著起床氣這詞，聰明的你，如是情節請類推，或直接下單，把書拎回家慢慢咀嚼。書裡的情事療癒了我，我再將這些體會形諸文字，希冀有緣展閱的你，亦能讀出字裡行間的綿綿情意。

此刻回首，浮上心頭似乎甘多於苦，不堪的真相是，花了好一段時間，才將早已粗鈍的寫字手感磨利一些，強迫症似地重寫了幾篇稿子，自己都不敢數算，幸而我這個康復中的完美主義者，已學會喊停，告訴自己：完美假議題，閃一邊涼快去！此時此刻夠好就好。書稿死線延三回，多虧淡定總編若文不催不促，任我折騰；慷慨應允推薦的質感友人們，及所有公開或私下一路為我加油打氣的親友、粉絲們，由衷銘感五內；北灣藥草針灸師艾琳（Erin Masako Wilkins）截稿前提供配圖（第 144 頁），解燃眉之急，善意永存我心；歡喜終於把珍藏多年，才女友人潔斯敏（Jasmine Pei）致贈的艾克勒居所（Eichler）插畫（第 132 頁照片中的插畫），分享在書裡。最後的最後，怎麼能不提，教我擇善固執的媽媽，及陪我上山下海並提供無上限金援的另一半比爾先生，沒有你們，就沒有這本書。

CONTENTS

Chapter 1　細說廚思廚事

Chapter 2　設計生活美無所不在

Chapter 3　不在家，就在找好食的路上

細說廚

思廚事

日日餐膳乃尋常生活裡的重頭戲，
能像像樣樣的餵飽自己與家人，
是一件多麼值得自我感覺良好的事。

亦正亦邪的
剩菜

剩菜，到底是什麼樣的存在？還真不好說。我想，大概就像金庸小說裡的東邪黃藥師，是個亦正亦邪的存在吧！

當火燒屁股，半小時內得出菜餵飽全家的當口，拉開冰箱，一眼瞧見前晚吃剩的奧克蘭（Oakland）羅瑞爾區新派泰式料理 Jo's Modern Thai 五花肉紅咖哩，儼然挖到閃閃發亮的鑽石，心情由陰轉晴，只差沒喜極而泣，這時，剩菜是救命符，是感激的存在。

每年年終節慶過後，生活從絢爛歸返日常有度的節奏，唯一不變的是，冰箱依然滿滿當當，被火雞殘骸、烤火雞填餡、酸甜小紅莓醬、一大盅馬鈴薯泥和貌似永遠嚼不完的四季豆給塞爆，這時的剩菜（除開再多也能微笑面對的酥香南瓜派、蘋果派之屬），是恨不得閉上眼再睜開，便奇蹟似灰飛煙滅的，那般顧人怨的存在。

有時候，卻又刻意將鮮餚生生給它掰彎成剩菜，像這陣子整治牛肉麵，總不嫌麻煩，費心安排在晚間吉時，進行第一階段烤箱悶滾，熄火不取出，隔晨進行第二階段煮就馴服，接著用洪荒之力百般克制，苦撐到晚膳開吃，這般耐性折騰，還真的是比搶鮮服用要更加千滋百味，大抵因為一鍋載浮載沉肉塊、腿筋、紅蘿蔔、番茄、香辛醬料們，有充足餘裕搏感情，交織出

唯時間方能成全的美味默契。這時，嚴格來說是被強迫變身的剩菜，乃脣齒間無能抗拒、心兒怦怦然的魅惑存在。

IG上追蹤紐約中醫師 Lily Choi，特別欣賞她與時俱進的觀點，除了本格派中醫理論，同等強調身心靈，尤其情緒的照護，三天兩頭殷勤分享，親身示範足能落實於生活的保養招式。食療，自然也是看重的命題。「除了事先冰鎮，預計拿來炒飯的白米飯和久熬大骨湯，我不吃剩菜。」剩菜，從盛盤那一刻起，就一步步走向頹敗，就算不冰鎮隔夜，也早奄奄一息，Lily 中醫師斬釘截鐵表示。容我再自作聰明以此類推，敢情所有冷凍即食品、各種開瓶冷藏調料，甚至刻意烹煮的常備菜，都劃歸於剩菜之列，營養也和剩菜沒兩樣囉？實在不只一點晴天霹靂，這都還不提，至今仍眾說紛紜、備受爭議的亞硝酸鹽致癌力呢！每思及此，剩菜，成為邊吃邊疑神疑鬼的不安存在。

如此這般亦正亦邪，叫人又愛又恨，到底該拿剩菜如何是好？如若律己甚嚴的中醫師都做不到，俗女如我輩也不必太為難自己，剩菜乃常民煙火生活裡難以百分百閃躲的存在。避不開，躲不掉，只能鬥智周旋，力求和美，共榮共存。自家炊煮倒不難，吾家仁口原就不喜隔夜菜，並非計較營養價值，過不去的坎，其實是那股年華老去的陳腐味兒，像背後靈似的，甩不掉，除了滷燉熬煮菜款，基本每日餐膳，一律採配給制，拿捏在不多不少，淨盤管飽的量，馬馬虎虎能和剩菜劃清界線。冷凍熟食算是雪櫃稀客，偶爾進駐手工墨西哥豬肉餡玉米粽（tamale）、北灣馬林郡（Marin County）一無麩質烘焙坊的香酥佛卡夏（focaccia），和偶爾走運買到超棒放養鴨蛋，便來了興致，花個把月土法煉鋼製鹹蛋，再一步步備料、「搞剛」炮製的兩串依本人口味量身訂做的台式南北混血粽，就這些陣容輪替，應該不算太犯規吧？

出外獵食，能爭取現場吃乾抹淨零剩菜，自是最高理想，可知易行難，尤其外食總特別想嘗新，但三口之家，談何容易？用點心機是必要的。首先，非得是心儀餐廳及菜款不可，哎喲！這不是廢話？就算是廢話，也是重要，值得三申五令的廢話。肚餓難免人急跳牆，絕望時，豁出去盲選一氣，剩食打包回家，也是轉身餵廚餘，瞎忙一場。千挑萬選的餐廳，不管新歡或舊愛，踢鐵板機率大減，想吃啥就點啥，如果運氣實在好，當日菜單道道精彩，陷入嚴重選擇障礙，刪去法是你的BFF（Best Friend Forever，永遠的好閨蜜）。我傾向投票給自己特別不拿手、極度費工、在家鮮少（懶得）整治、食材稀罕，或做法、調味獵奇出挑的品項，快狠準圈縮標的。在雀屏中選的菜色裡，一定必需絕對要有一兩道愈陳愈夠味的燉滷煮料理，醬濃味足汁水多尤佳（泰式紅咖哩、匈牙利海鮮濃湯、牙買加燉牛尾、緬甸滷豬五花和油豆腐之流），最後，用餐也有戰術攻略，總是在筷叉齊飛前，下達哪幾盤務必掃蕩、哪幾盤剩食無妨的指令，如此方能確保回收剩菜有浴火重生的機會，畢竟，有些剩菜如沙拉，是連米其林廚師也難變出可口新把戲的。

前置工作做妥，將外帶剩菜婀娜變身，成為一個有趣的挑戰，而且結局多半可圓滿。譬如開篇提到新派泰國餐廳帶回的豬五花紅咖哩，剩了半盅，隔日爐台文火加熱咖哩醬汁，鍋緣嗶啵冒小泡時，北灣農場送來的肥厚紅椒，切細條添入，再下剖半滋味豐美金太陽（sungold）櫻桃小番茄，溫柔煮至食材和樂融融，滑入鹽滷雞柳，肉熟試味，雖然少了泰國九層塔幫襯，撿摘幾朵韭菜小花點綴，霞紅湯汁粉嫩白花，清新朝氣得很吶，半點看不出隔夜菜慣有的蔫蔫小模樣兒，照舊搭碗茉莉香米飯，一口接一口！吃得淺冒薄汗，身心俱暖，簡直無可挑剔，只能撥髮按讚。

我的剩菜改頭換面可喜之作，絕對是那半隻從卡斯楚谷地

（Castro Valley）新開張的西班牙 Tapas 式小酒館 Oculto 外帶烤雞。《舊金山紀事報》曾報導主廚的烤雞堪稱灣區一絕，但促使我買單的機緣，是某週六早晨，在 Stonybrook Canyon Farm 開設的有機蔬果路邊攤，和主廚麥奇（Mikey Ochoa）巧遇，農場老闆史考特大力背書。「妳知道的，烤雞嘛，不就那麼回事？可是麥奇的烤雞，天殺的美味，哎啊！我不會形容，妳吃了便知。」親藹健談的史考特眉飛色舞說著，一邊比手畫腳，像恨不得憑空把烤雞變出來做見證一樣。這下子真來了興趣，我對膽敢在蔬果路邊攤採買食材的廚師特別佩服，除了熊心豹子膽，還得有扎實廚藝和豐沛自信，這樣的廚師值得一賭。挑個日子上門，衝著烤半雞而去，就算有女巫水晶球也料不到，除了舊金山經典 Zuni Cafe 王牌烤雞佐麵包丁沙拉，我還會有在餐廳點烤雞的一日，畢竟對這味料理，吾之家常版也是小有口碑。

麥奇主廚的版本沒讓我失望，外皮炙烤得金黃酥脆，內裡保持柔腴幼嫩，撕下一小片雞胸放入嘴裡，內心不無忐忑，啊！嘗來是經過長時間乾式鹽漬法（dry brining）處理過，服氣度瞬間往上蹭了不止二十趴，鹽滷（salt-brined）一向是我心目中治肉法寶，在家習慣以比例鹽水浸泡，即所謂濕式鹽漬法（wet brining），旨在讓雞肉由裡到外都能得到鹽分滋潤，私以為能做到這點，烤雞已不止贏在起跑點。若非究極又執著，餐廳絕不會自找麻煩，多數妄想以淋醬取巧神救援，你知我知，寡淡無味的雞肉，連神也救不回來，醬汁可錦上添花，卻不能扭轉乾坤，反敗為勝。

第一餐自是單純享受上好烤雞，本身已滋味俱足，搭上標配兩款堅果莎莎紅醬（salsa mocha）和蒜香芫荽綠辣醬（cilantro zhoug），讓風味更上層樓。酒足飯飽，烤雞與醬汁餘下大半，當然，如果不想費周章，原封不動再上一次菜也還行，但也不

知道在和誰較什麼勁？也許是不想辜負主廚的用心吧！將肉骨拆卸分離，後者拿來和現有雞爪、雞骨架子與香草、根莖蔬菜熬成雞高湯，煮一鍋在地農場買來的斑豆（pinto beans），盛盤後綴上番茄丁、芫荽、青蔥花、紫洋蔥丁、酪梨片和起司，最後淋上紅莎莎醬，剩菜在哪裡？我可沒看見。另剔除的雞肉掰成絲，以綜合香料煸炒至脆酥焦香，烤盤脆塔可餅殼（taco shell），搗份酪梨醬，再來一份番茄莎莎醬，層層堆疊入餅殼，開吃前淋上芫荽綠辣醬和酸奶。就這樣，成功地逆襲剩菜，不僅如此，一回外食附贈兩頓家常餐，永續惜食經濟實惠，不委屈口欲。這會兒，剩菜又成為真愛一般的存在了。

亦正亦邪的剩菜，我想，我還是愛比恨更多上那麼一點的。

塔瑪·艾德勒的重磅新書
——剩菜百科

原本想提綱挈領說說，替剩菜華麗變身之招式撇步，聽聞偶像塔瑪·艾德勒(Tamar Adler)繼《永續的一餐》後，終於再度出版新書，一看架式，就覺得與其在這一延伸的框框裡小鼻小眼班門弄斧，不如來解析一下這本隔了十多年才問世的重磅新書。

肉眼可見的厚度研判，是重量級無誤，書名：《The Everlasting Meal Cookbook：Leftovers A - Z》，是，你沒看錯，就是吃剩的菜，非常不「商業」正確的主題。五百頁以上大部頭，把剩菜這樣那樣翻來覆去地整治調理，重生為一道道或許賣相不那麼 bling bling，風味卻是扎扎實實經得起考驗，絕對獨一無二的家菜。其實在 IG 上追蹤時，就能捕捉到蛛絲馬跡，原以為是艾德勒平日家常煮食廚事分享，瞧著很接地氣的更新，內心的確有「原來偶像喜歡吃剩菜啊！」的謎之音，如今揭曉，原來

是誤會一場，是在鋪梗來著。老實說，乍聽書名，不能說沒有驚訝，但繼而一想，卻又無比契合，沒有比剩菜更適合接棒《永續的一餐》，而放眼美國食書文壇，也找不到哪位名筆作家，比艾德勒更能駕馭這個蒼黃冷僻、不怎麼討喜、小家氣卻超實際又實用的主題。她有一身靈動的廚藝、一枝生花的妙筆，和不容質疑的考據功力，剩菜在她明晰堅定的筆鋒下，一道道彷如打開蚌殼出現的閃亮珍珠。「花了心思從張羅好食材，到洗挑瀝拌煮，投注時間荷包心血做出一道菜，如果有剩餘，總是要好好對待，才對得起之前的付出。」艾德勒這麼說。

書裡包藏沒上千也有數百道食譜，不走一般食譜書熟悉的精準條列路線，畢竟，如果能抓準分量，就不叫剩菜了嘛！所以，把教條紀律丟開，手上有什麼用什麼，就算食譜裡傳喚洋

蔥，不表示省略就前功盡棄，隨機應
變是最高指導原則。另一個剩菜必勝
要件是，本身必需要足夠美味。不美
味，那叫廚餘，直接斷捨離。說到底，
就像日本和服裁剩的畸零布料，施點
巧思還是能再現驚豔；但五分埔的尼
龍成衣，天才藝術家也回天乏術，是
一樣的道理。認真敬謹做第一道，才
會有好苗子傳宗接代。對某一類偏好
照本宣科的廚娘煮夫，可能是挑戰，
但若你屬於〈邁向直覺家廚之路〉（請
參閱第 39 頁）一文裡定義的熱血滿滿
直覺家廚，那這本書，絕對是極好的
靈感啟發寶典。

就像香菸包裝上有警語，在此容我雞
婆嘮叨：日日餐膳，鮮食乃正道；剩菜，
避不了的時候，便心懷感恩地享用。

沒有鹽巴
活不下去

這樣爆自己的料，眞的好嗎？寫出來著實叫人感到羞恥汗顏，掙扎三秒，決定豁出去，走到知天命的歲數，智慧不見得與時俱進，臉皮倒是厚了不少。總之，事情是這樣的，在廚房翻滾多年的老江湖如我，竟然直到不久前，才眞正好好的通盤認識這個，被我一直視爲理所當然，其貌不太揚，但肚裡卻暗藏無垠乾坤的灶台老戰友——鹽巴。

日日備餐做菜，習慣在每一階段反覆試味，每回覺得嘗來毫無精氣神，蒼白無力，彷彿少了那一丁點，至關重大的什麼？第一個反射動作，總是急吼吼打開香料櫃，鷹眼巡視調醬壓箱寶們，噘嘴皺眉尋思忖度：該派哪個調味神器來力挽狂瀾，好讓奄奄菜餚瞬間奇蹟般復活甦醒？繞一大圈，十之有七八回，根本是多下點鹽，便能漂亮解決的事，與其費心張羅花俏香料，不如學會和鹽巴相親相愛。於是學乖，再不敢小覷。

說到底，也不能完全怪我，現代社會各種運輸技術之精進，讓遠古時稀珍昂貴的食鹽，變得普遍又廉宜，而且，鹽巴特別擅長扮豬吃老虎，簡直是一身矛盾的存在，沒有撩人香氣、層疊韻味，外表不惹眼，平平凡凡小豆點，管你暗灰淺棕嫩紅霜白，如細砂像米粒仿雪片，鹽，就只是巨量的氯化鈉（sodium chloride），至多摻一咪咪微量礦物元素，入口是大同小異的鹹，檯面上眞沒啥可大書特書之處，但是，重點來了，不管門

派料理菜式食譜，鹽無所不在，還不是出來刷刷存在感的小龍套，根本是極少數有資格在家戶爐火旁熱門黃金地段，雄霸一席之地的調料王；再尋思細究，鹽的本事，不誇張，只差不能通天了，明明味道如此單調不討喜，卻硬是能讓每道菜的滋味，瞬間站立飽滿起來：旨（umami）味鮮上加鮮、甜得靈動不滯、酸得加倍明亮，看似不可思議，科學研究提出一言以蔽之的結論：鈉能夠喚醒舌頭諸多味覺感應，具象千滋百味，最神奇的是，令人不敢領教的苦味，鹽竟還能貼心淡化，這也是爲什麼北歐與土耳其，長久流傳著在咖啡裡加鹽的另類賞味法。美國專門以科學角度說食的艾爾頓‧布朗（Alton Brown）在《好吃》節目裡曾強推：一杯水兩小匙咖啡加半小匙鹽，拿此公式來對付半新不舊咖啡豆尤其好，讓一杯原本注定走調的咖啡，一秒起死回生。

鹽巴不只有魔法，還有金手指，任何食材在其助攻下，皆能長成各自最美好模樣，隨便舉個例：巧克力因此嘗來苦少甜多更帶感、番茄有了三次元的酸甜鮮、西瓜甜到能逆天；更別說改變食材肌理的超能力，指一捏攢，均勻撒在肉塊豆腐瓜果蔬菜上，靜待須臾，不費吹灰力便逼出體液汁水，緊緻了質地，濃縮了風味；歐式麵包也是靠著鹽壓制酵母的戰鬥力，讓麵包能徐徐膨發，筋性更強韌。自古以來，鹽更是保存食物的頭號戰將，是捍衛食物免於壞菌入侵的尖兵，於是才有各式天然發酵鹹香菜醬，如：酸白菜、酸菜、味噌、酸黃瓜、魚露；風乾醃燻肉品魚鮮，如：培根、干貝、火腿、燻鮭魚、鱈魚乾；浸漬果物，如：橄欖、續隨子、鹹檸檬、梅乾等等等的誕生，有效延長季節豐收，平衡食物供給，並擴大配給版圖。

如果廚藝是一棋盤，使鹽功夫高下就是中央楚河漢界那一線，嫺熟前，歸屬馬馬虎虎那一邊，和鹽混成好閨蜜，方能順利跨界，晉身煮食練家子，是的，就是如此涇渭分明。米其林名廚

湯瑪斯‧凱勒（Thomas Keller）在其最親民的著作《臨時起意小餐坊：家常菜食譜》（Ad Hoc at Home: Family Style Recipes）曉以大意了用鹽之於家廚的重要性。他提出一點關於西方食譜書寫，老將鹽與黑胡椒綁樁的迷思，簡直如醍醐灌頂，明明是在料理角色扮演南轅北轍的兩食材，被塑造成焦不離孟哥倆好，著實混淆視聽，如果鹽巴有口能言，肯定要擊鼓喊冤。世界黑胡椒品種百百款，各有各的香，出場是為了增滋添味；反觀食鹽，味道中性，入菜為的是拉高菜色整體美味水平，全然不可相提並論，結論是：下回做西式料理，別一口令一動作，不是每道菜都需要黑胡椒，倒是何時下鹽？該下多少鹽？下哪一款鹽？是煮食廚子不管做哪門哪派料理，都必需審慎思考，多方計較的。

對於近庖廚喜烹調如我輩，鹽彷彿和吃食畫上等號，但如若進一步探究：鹽與水和空氣一樣，皆為生命不可或缺，續命符來著。鹽（氯化鈉）是身體各種生物機能正常運作（譬如神經傳導、肌肉收縮及維持水平衡與血壓等）之必需，無法儲備，故需日日補充，到這裡一切都十分理想，鹽既能點菜成金，又是身體必需礦物質，該當展臂擁抱，可惜世事從來不會如此簡單，事實上，主流態度抱持飲食少鹽為佳，但同樣有足具公信的醫學研究顯示：鈉並非心血管疾病的頭號敵人，攝取過多與不足皆不利健康。啊！這，難就難在中庸之道的拿捏，於我，大概就是一個把「鹽」用在刀口上的概念，將易失控的外食與再製食品服用量降至最低，日常家庭餐膳調味用鹽，便能有餘裕，不必錙銖必較。當然，若本身體質對鹽量較敏感，或有其他疑慮和考量，請務必配合信任醫師的指示。

準備好好攻克下鹽兵法了嗎？首先，得決定「兵器」，該備哪款鹽好？曾經在工業風強勢入侵下，節節敗退的手作產地鹽，做小伏低，蟄伏多年，逐漸有收復失土的跡象，此乃令人樂見的

發展，多元多彩永遠勝出單一獨大。鹽的花樣名目雖不少，餐桌鹽、猶太鹽、鹽之花、海鹽、喜馬拉雅粉紅鹽（玫瑰鹽）、灰鹽，追本溯源其實都是海鹽，不是直接由海洋、鹽湖或鹽泉蒸發而得，就是開採自遠古時期，縮移遺留的鹽床鹽丘，而採集地點、工序、時程，成就最終結晶之顏色、形狀、質地、風味及鹹度，有限字數難以細數從頭，粗略來說，眼花撩亂的食鹽選項，統共不過兩大類：精製加工（refined）／工業鹽及未精製（unrefined）／工藝鹽，前者機器大量採集後，以化學處理抽離氯化鈉之外，所有雜質和礦物質，再高溫加壓除濕，不少品牌另加抗結劑（anti-caking agent）和碘（iodine），價錢親民，市占率高，撇開健康疑慮不說，光是添加物帶來的化學劑味，就夠讓人皺眉的了，碘的添加或許有早期時代全民健康的考量，如今飲食並不難從魚、蛋、奶、海藻等食物中攝取，何需多此一舉？純粹無添加的量產鹽，我倒不那麼強烈抗拒；至於未精製鹽，顧名思義，自是以極簡工序採集的天然蒸發海鹽，保留最接近產地鹽的原始滋味，製作耗時費力，得看老天氣候的臉色，收成有限，身價看漲也是理所當然。

迥異於對香料不止息的獵奇，對做菜隨伺在旁的鹽，我並不花心，一款基本細海鹽就能以一擋百，傳統採集是最理想，必要時，量產無添加，也能變通頂用，至關重要是顆粒細緻，捻在指尖乾爽不沾黏，凌空飄落於食材，能均勻附著其上，嚴拒氯化鈉之外閒雜分子添亂，其他地區我不知曉，但美國專業廚師職人食書作者圈，十之八九站隊猶太鹽（猶太飲食規定不得食用任何帶血肉品，猶太人以此粗鹽替肉品進行放血，因而得名），我倒不特別鍾情，風味乾淨易溶化的細海鹽，個性稍刁鑽，處久摸透，也能穩妥扛起各種調理重任。

比起用哪款鹽，忠誠以待是另一關鍵，畢竟每種鹽因製程結晶大小而鹹度各異，三心兩意是為難自己，唯有透過日復一日磨

合，方能培養出如頂尖棒球隊投捕間無可取代的默契，譬如對其融於水的速度了然於心；僅透過指間觸感或目測，便能心領神會，多少食物該下多少鹽？分秒必爭的煮食過程，能夠自信駕馭愛鹽，等同巫師有了魔杖。想更講究些，就選一兩式屬害工藝款，在下暱稱畫龍點睛彩蛋鹽（finishing salt），食物上桌前飄撒專用，嘣脆口感、浪潮般波波襲來的海味，在齒齦間綻放令人心神迷醉的瑰麗滋味，這個大招施展在大塊肉品尤其震撼，但濃湯、沙拉、烤蔬菜，甚至甜品，如烤餅乾，亦可受惠。我永遠記得，初試法國甜點大師皮埃爾・埃爾梅（Pierre Hermé）的鹽之花重巧克力餅乾，美味餅乾因鹽之花升格為極品。英國莫頓（Maldon）與法國鹽之花（fleur de sel），一向是心頭好，嘉義布袋洲南鹽場的旬鹽花和霜鹽，也記在未來入手清單上。

最後，烹調時如何下鹽？邊煮邊下是唯一康莊大道，煮食不同階段適度調味，如冬日著衣，比起隨便一件短 T 外罩大毛氅，洋蔥般層層套上，才是確保通身裡外溫熱之高招。菜餚的終極滋味，鮮少能一蹴可幾，步步堆疊，火候促成，時間醞釀，從下鍋、煮製到擺盤前，不厭其煩地淺嘗微調，手指是鹽巴的鐵哥兒，若你屬於少了量匙就不知所措的那類走廚人，那就土法煉鋼，將匙裡的鹽傾倒於另一小碟，再指捻調味。為何要如此費事？減少料理砸鍋機率咩。和鹽相互了解，有助直覺家廚之養成（請參閱第39頁）。「再來七顆鹽。」據說是舊金山老牌餐廳 Zuni Cafe 已逝傳奇主廚茱蒂・羅傑斯（Judy Rogers）試菜後，經常對底下廚子脫口而出的經典點評，不論真假都說明了，下鹽，是多麼差之毫釐，謬以千里的事，不可不慎。

Flavored Salts

三款風味鹽新歡

風味鹽聽來花俏，其實就是添了風味的食鹽，特別適合食材單純，以煎烤炸整治的菜餚，譬如：天婦羅、炙烤牛排、香煎魚腓力、炸薯條、烤馬鈴薯、烤蔬菜、蛋料理（水波蛋、煎嫩蛋、蛋捲等）、煎豆腐；用在烘焙也很可以，尤其鹹派、貝果及司康；當然，別忘沙拉醬料，沒有什麼比美乃滋更速配。

以下三種配方只是拋磚引玉，風味鹽製作萬變不離其宗（手上若有《手作裸食》，歡迎展頁溫習），記住公式，接下來就跟著想像力馳騁吧！

全能貝果風味鹽

〔材料〕

3 大匙焙香黑芝麻
3 大匙焙香白芝麻
2 大匙乾燥洋蔥碎（dried onion flakes）
1 大匙乾燥蒜碎（dried minced garlic granules），
蒜控請自行加碼
2 大匙罌粟籽（poppy seeds）
2 小匙粗粒海鹽

〔做法〕

1 以上材料混合均均，置入乾淨玻璃瓶，存放陰暗乾燥廚櫃，隨時待命。

抹茶鹽

〔材料〕

1 大匙粗粒海鹽
½ 小匙茶道等級抹茶粉

〔做法〕

1 以上材料混合均均，置入乾淨玻璃瓶，存放陰暗乾燥廚櫃，隨時待命。
2 抹茶室溫保存，風味易流失，故少量調配為佳。

萊姆辣椒鹽

〔材料〕

1 大匙現磨有機萊姆皮屑（organic lime zest）
¼ 杯粗粒海鹽
1 小匙紅辣椒碎（crushed red pepper flakes）

〔做法〕

1 先用磨絲刨刀磨下所需萊姆屑，鋪於廚房紙巾上，置室溫使其脫水乾燥。
2 將所有食材混合，置入乾淨玻璃瓶，存放陰暗乾燥廚櫃，隨時待命，若覺得顆粒太粗，可用迷你磨豆機磨細再儲存。

「像我這樣的主婦，妳會給我什麼建議？」某年某月春，食畢家常簡膳，我在開放式廚房打點午茶續攤事宜，注水入壺，選杯備茶，開廚櫃，毫無懸念挑了剛入手的白底描牛津藍碎花淺碟，拈幾枚才出爐的酥香抹茶芝麻起司餅乾置上。身倚中島，專注看著我動作的女友 R，悠悠一問。

R 是什麼樣的主婦呢？我可以不假思索，倒豆子般順溜說出無數優點：聰敏獨立，饒有品味，知情識趣，學歷漂亮，亦不乏藝術細胞，唯獨對入廚煮食全無熱情，興趣缺缺，要命的是，因現實種種主客觀因素考量，在家相夫教子顯然遠比闖蕩職場，是更順理成章的選擇。主婦卽煮婦，日日餐膳乃尋常生活裡的重頭戲，R 像是被命運擺錯位置的棋子，只是人生非棋局，由不得你不想玩，就任性素手一揮，棋倒局毀，甩手離去。面對進退兩難的困境，該怎麼重振旗鼓走下去？說感同身受太過輕率，但我多少能理解 R 的艱難處境，結婚之前，也是個高唱獨立自主、誓死不離職場的事業型女子，無奈接到人生投來接二連三變化球，早早脫下高跟鞋與套裝，換上 T 恤、瑜珈褲，只不過我比 R 幸運些，真心喜愛揮刀弄鏟，廚房是我的另一人生主場，在其間做菜、寫文、讀書、手作，東磨西蹭，只差沒睡在爐台旁了。毫不掙扎地把對 walk-in Closet 的嚮往，無縫接軌成對 walk-in Pantry 的迷戀。

「建立妳的拿手菜清單吧！」當下回答至今仍記憶猶新，只因這句給 R 的肺腑建言，始料未及地，也對我起了醍醐灌頂的作用。不確定 R 最後有沒有聽進去，倒是在曉之以理的過程中，說服了我自己。任何一家之煮，不管對入廚是愛是恨，無分廚藝優劣高下，口袋裡攢著一份隨時隨地能召喚，就算閉眼也能嫻熟使將起來的拿手菜壓箱寶，就像保險箱裡囤著的靠山老本，一生口欲，從此有了堅實信賴的依靠，足讓生活更有餘裕，充滿底氣。說來，這也不是多了不起的奇思妙點，過往也許擦身而過無數次，可人生不就是如此？時機勝過一切，在對的時刻遇見，便有激情火花，方能長駐久留。腦子裡倒帶剛出道的走廚時期，處處新奇，樣樣新鮮，隨時磨刀霍霍，躍躍欲試，抱持下道菜會更好的輕佻心態流連花叢，樂此不疲，試不得心就果斷拋棄，遇見珍寶，也不懂珍惜，總覺世上菜譜多如繁星，披星戴月的試，尚且來不及，哪有閒工夫去重溫回顧？廚工見識與日俱進，漸漸地，左看右瞧，這也做過，那也試過，累積了講究，磨出了偏好，比起新奇，似乎更在乎上心，大抵是在這個間隙，R 的大哉問像燈泡一樣，在腦子裡大放光明，帶來意想不到的後座力。

反覆與愛菜舊譜交手過招，簡直像面照妖鏡，曝露出我目光如豆，見識淺薄的一面。若想精進廚功，必需時時手刀追逐新譜，是個天大迷思，亂槍打鳥的瞎矇胡試，每次一茶匙兩大匙的照本宣科，不管做過幾多回，闔起食譜就像開車少了 GPS，腦袋空白，雙眼茫然，絞盡腦汁倒帶步驟，卻徒勞無功，別說精進了，連基本功有沒有個底，都是個問號。食譜有使命與功能，或許是練廚功，可能是嫻熟某個技法，或是啟發風味配對的想像，與其盲目試新譜，還不如全心全意和舊愛搏感情，咱至聖先師孔子溫故知新之提點，是穿越歲歲年年、放諸四海皆準的人生智慧，二十世紀的我，在異鄉廚房一次次親身驗證。

只要有如意高湯與基礎調料，牛肉麵便能手到擒來；蒸蘿蔔糕謹記在來米與蘿蔔絲黃金比例，便可丟開方子，隨心所欲做出理想分量；最愛黑鱈魚西京燒，搞砸弄焦無數片腓力，終於推敲出食譜沒教的致勝心法；獨排眾議以山東大白菜取代高麗，又靈機一動裹入被珍珠丸子啟發的半熟糯米的豬絞肉餡，文火慢煮出再不能更完美的豬肉菜捲；疫情居家隔離年，閒著也是閒著，大陣仗從醃鹹蛋到填餡綑綁成串串粽子，一來二去練個幾回，遂琢磨出塑形高顏值粽子之要件；與巴斯克起司蛋糕數次交手，總算烤出表層金黃焦香、內裡綿潤即化的銷魂口感，隨意掐指數算，都是溫故知新，徐徐攻克最愛料理之輝煌戰果。對菜譜成竹在胸、瞭如指掌後，華麗升級至另一「無譜勝有譜」的層次，盡可從容依食欲、心情、手頭食材，甚至節氣揮灑，舉一反三，拿手菜班底不知不覺無限繁衍，子孫滿堂。

說起來，我兒小查扛著數學精修系高強度課業壓力，也是靠著一〇一招拿手菜之日本柚子胡椒湯麵餵飽自己。話說大一那年，走到尾聲，多倫多瀕臨封城邊緣，多大搶先鳴槍，一聲令下全面網課，包袱款款返家窩了一年半，大三返校彷如隔世，搬出校舍，和幾個研究生合租一層位在坎辛頓的公寓，廚房意料中陽春，但料理簡單菜飯仍足堪用。起初，我雄心萬丈，條列一系列就算只有三腳貓廚藝，也不容易搞砸的家常料理清單，打算趁起飛前，來個密集魔鬼訓練，這位對煮食別說熱情，連興趣都談不上的小哥，一臉端肅地宣示：「不用那麼麻煩了！教我做湯麵就好。李小龍有云：『我不怕練一萬招的人，就怕把一招練一萬遍的人。』真的很有道理，我打算一招闖天下，反正湯麵我百吃不膩，假以時日，必能成湯麵國王（king of noodle soup）。」我強忍住沒當面噴笑兼吐槽，這話聽來，要不是推脫藉口，要不就是異想天開。不勉強，隨了他，我也樂得輕鬆，就看能撐多久，才會吃到厭世，沒想到，這都練出俐落煮湯麵身手了，還不打算變心呢！偶爾外食，偶爾日式咖

哩飯插花，加上逐漸上手的簡易台式牛肉麵串場，百分之八十以湯麵裹腹，是小查的大學餐膳日常。也算幸運，租賃公寓步行十來分鐘，幾個轉角之外，販售安心肉品及精選食料的 Sanagan's Meatlocker，功不可沒，舉凡慢熬雞高湯、酸香辣脆調醬、各式肉品火鍋肉片、放養雞蛋等湯麵靈魂食材，舉手可得，絕對是小查湯麵人生能安步前行的重要推手。

湯麵乍聽陽春單調，可如若願意放點心思，其實是個可繁可簡可陽春可花俏的煮食命題，對廚房生手，更是絕佳入門料理，只要風味高湯在手，踢鐵板並不易，不管是瞎貓碰到死老鼠，或具先見之明，小查算是做了明智決定。一再重覆烹煮湯麵，建立堆疊下廚自信；站在廚房裡，就像以樹式立定瑜珈墊上的瑜珈人，沉穩自在；練基礎功之熱油爆香，摸索調味的眉眉角角，累積食材風味搭配經驗值，實境領略下放菜料良機，接著想方設法變花樣，日本柚子胡椒替換成香酥辣椒油，捨棄關廟麵，改派烏龍麵上場；山東大白菜熬湯底之外，大小葉茼蒿、韭菜、小白菜、小松菜等輪流添滋加味，琳瑯菇種與豆製品也是豐富口感與營養之良伴，避免陷入吃膩絕境的同時，又何嘗不是重訓廚功腦力的最佳鍛鍊？

「以自身和家人偏好為圓心，條列意欲攻克之菜餚料理，八方搜羅可信賴食譜，重覆烹煮，過程中不斷忖度微調，直至風味滿意，操作手法嫻熟於心，以求抵達無譜勝有譜之境為止，如此這般，拿手菜班底終將與時俱增，就算熱情依然不足，至少下廚不再是一想到雙眉間就皺成川字形的苦差事。能像像樣樣的餵飽自己與家人，是一件多麼值得自我感覺良好的事。」如果有機會，我想這麼對 R 說，這個遲到多年的答案。

右｜放入心思與巧思，徵召各式調料、香草，湯麵也能很精彩。

煮湯麵之
無招勝有招

做菜也有公式，加以拆解，便能不拘一格，隨心駕馭。以湯麵而言，基本食材就是麵、高湯和香草菜蔬配料，不考慮味蕾滿足，只想來碗清簡陽春湯麵，拈幾撮鹽，好好地調味，不敢說胥齒高潮，保證暖身飽腹不失營養。有了基礎概念，再根據元素做延伸變化，要吃膩倒也不是易事。失敗踢鐵板當然免不了，但頂多就是風味差強人意，整碗搞砸食不下嚥，貌似沒發生過。

～～～ 湯體＋花式調料 ～～～

雞豬牛海鮮高湯各有深淺底韻，我獨鍾雞高湯，雪櫃時時常備，喜歡它的舉止有度、平易近人，能獨挑大梁，也可以團隊合作，成果總是斐然。湯水加各式調料，如日本柚子辣椒（yuzu kosho）、川味酥香辣椒油（chili crisps）、魚露、味噌辣椒醬、各式咖哩、七味粉、鹽糀（shio koji），是基礎變換，若想讓湯頭更醇厚，下湯水前，熱油爆香辛香料和適合菜蔬（如耐煮清甜的山東白菜）立現良效；再來，倒入高湯後，旋即以適量鹽和調料調味，多給點時間滾煮，風味更具足，也能讓最後一輪菜料（如綠葉菜和香草），沾染湯頭的旨鹹鮮。

麵條

即便是獨霸一方的麥製麵條,從麵身厚薄粗細到形態,陽春、素麵、關廟麵、雞絲麵、拉麵、刀削、烏龍麵、意麵、雞蛋麵、油麵、麵疙瘩,招指數不完,嘗來各有特色,再加上其他米穀類製品如:蕎麥麵、米粉、粉絲、河粉、沙河粉、米線、紅薯粉絲等等,還不提各路品牌之間各顯神通的殊異詮釋呢!

葷料＋菜料

各式薄肉片、雞柳、蝦、蛋、花樣肉丸等,是常備可隨召喚的葷料。菜料來說,幼嫩綠葉蔬菜,如菠菜、小松菜很百搭,空心菜與台味或東南亞湯品較對味,帶著特殊草香氣的大小葉茼蒿,是我的心頭好,和肉燥作夥調味的台式湯麵乃王牌搭檔。其他可添口感的配角有:各式新鮮芽菜、豆芽菜、金針菇、蠔菇、杏鮑菇(切絲條狀)、洋蔥絲、香煎百頁(切絲)、油豆腐或者煎豆腐片,玉米粒或甜豆仁,有時也能派上用場。

新鮮香草

絕對是成就一碗性格強烈、風味明確湯麵的要角。少了蔥花、芫荽就沒有台式的靈魂;冠上越式的名,怎能缺檸檬、刺芫荽(culantro)、九層塔與薄荷;沒有香茅(lemongrass)、辣椒、高良薑(galangal)、檸檬葉(kaffir lime leaf)、泰國檸檬(kaffir lime),叫泰菜也太不考究、太混淆視聽了。新鮮香草看似柔弱無害,實則鉅力萬鈞,懂得使將,能夠收穫無限回報。

邁向直覺家廚之路——
你必需費盡全力才能顯得毫不費力

我坐在廚房中島高腳椅上，手指飛也似的在鍵盤上劈啪點擊，百年難得寫稿勢如破竹，一掃之前卡關陰霾，理應一鼓作氣，乘勝追擊，但眼角睇見夕色紅霞大手筆將洗水槽上頭方窗，渲染成一片璀璨鎏金，似是該備餐的溫柔提醒。一邊啜飲相熟樸活小鋪周老闆大方寄贈的龍眼花茶，腦子邊清點冰箱存糧，昨日香料扁豆湯用剩半磅義式香腸，需趁鮮掃蕩，可延伸變化的點子不少，但受限搭配食材，東刪西減，最後拿定立意，晚餐就吃義式香腸歐姆蛋。

歐姆蛋是我最偏好的「盡情各自表述」模範料理，理解操作要件流程，可鋪天蓋地的講究，也能放下身段，捲袖助清冰箱一臂之力，合理推斷，全歸功於蛋和起司，這兩大歐姆蛋頂梁柱，天生最佳拍檔，握有這兩大金牌，金黃噴香蛋皮裡包裹啥樣乾坤，聽憑喜好，不太過異想天開，都能許你個幸福美味結局。走地雞蛋、洋蔥和巧達起司乃本宅恆長備存，加上冷藏青紅椒蘑菇和後院菠菜，歐姆蛋偏好班底全員到齊，磨點巧達起司，盛盤後再來匙酪梨醬、法式酸奶和綠莎莎醬（salsa verde），吃得嘖嘖聲不絕於耳，家常豐盛手到擒來。

不知從何時起，一日煮食，默默變成一種有啥煮啥、見招拆招的節奏，炒煮熬滷烤蒸煎拌燖焐燜，料理重點招式，二十餘年揮刀弄鏟，火裡來水裡去，數不清小傷小疤後，從照食譜宣科，

進化成基礎煮食模式嫻熟於心後的隨機應變。方正規矩的入廚時光，瞬間解放，像從一口令一動作的小卒仔，晉升爲捻鬚沉吟、胸中自有計較的好威主帥，大膽丟開汙漬斑斑食譜提點教戰，但憑過往經驗和五感記憶指引，進行行雲流水的入廚動作，挖出廚房冰箱食櫃裡現有籌碼來拚搏，替換食物調料更是小菜一碟。少洋蔥，抓幾個紅蔥頭遞補；缺青蔥，蝦荑蔥也很可以；沒有甜麵醬，糯米粉、白胡椒、醬油、糖和水調一調，文火煮至濃稠，嘖嘖！幾可亂眞；鹹中有甜的日式照燒醬，也有偷吃步：醬油、水、楓糖和眞味酥，小火煮到諸味融合，略收汁水，又可少囤一瓶醬料啦；拿手日式叉燒，任何需要滷肉的場子（比如包粽子）都能妥妥鎭壓，與其坐擁無數滷肉食譜，不如精修以一擋百的那一道；中式習以蔥、薑、蒜爆炒青菜，我說何不用香草配襯？大把蒔蘿、韭菜、芫荽，甚至小葉茼蒿，都有讓餐桌菜盤滋味更具象的潛力，不信等會兒書擱下，試試蒔蘿炒高麗或青江菜便分曉，眞不必非要肉絲海味來加持，青蔬也能成爲彼此的靈魂伴侶；掌握調香公式及重要元素，端出幾道有模有樣的異國料理，比想像更容易。

如此這般在鍋鏟煮食駕馭上的蛻變，有點始料未及，但內心是歡喜的，接著發現，吾道不孤，像我這樣的隨興煮食之輩，英文裡有個專有名詞，叫 Intuitive Cook，容我譯作「直覺廚子」，亦卽按步就班照譜做菜的相反，仰賴直覺，將現有食材整治出理想美味呈現。接著，又後知後覺體悟，近一兩年，直覺料理在美國默默成爲顯學，《紐約時報》線上烹飪訂閱服務創始編輯山姆・席福頓（Sam Sifton）出版《無食譜之食譜書》（*No-Recipe Recipes*）；亞裔當紅炸子雞廚師兼福桃（Momofuku）餐飲集團實業家大衛張（David Chang），在食譜書《在家煮食：或者，我如何學會不再在意食譜（並與微波爐成爲哥倆好）》（*Cooking at Home: Or, How I Learn to Stop Worrying about Recipes and Love My Microwave*）寫道：「你得停止對烹調指令盲目服從的

期待，真正去理解，成就這道菜的關鍵，由此出發就對了。」
大衛張這段話，概括了他這本顛覆傳統、不按牌理出牌的食譜
書主軸。

至此也不意外，以直覺料理為號召的烹飪學校趁勢崛起，HBO
影音串流平台上的《La Pitchoune: Cooking in France》紀事片，
是最具有賣相的選擇，拍攝食譜作家麥琴娜・赫德（Makenna
Held），入手美國料理教母茱莉亞・柴爾德（Julia Child）和外
交官先生早年量身打造的南法度假屋，開設「無食譜烹飪學校」
的師習時光，無比寫意，極富情調，不及一週學程，要價不菲，
卻是早已預售一空。烹飪課程立意佳美，期盼透過沉浸式學
習，讓學員都能帶著各式花式技能返家，在廚房揮刀弄鏟時，
能拋開食譜，自信聽任直覺導航。不可否認，官網照片和影片，
尤其是那四面吊掛著古董廚具機絲的敞亮廚房，嘖嘖，又愛又
妒，說真格，普羅旺斯烹飪課，光想就美孜孜，身歷其境大概
像置身天堂吧！至於修業六日後，是不是真能脫胎換骨變身直
覺神廚，我不便鐵口直斷，只能說：平常心看待就好。

乍聽「直覺廚子」這詞，其實我是不自覺皺眉頭，心裡犯著嘀咕：
這「直覺」兩字，有那麼點混淆視聽之嫌。英文 Intuitive，劍橋
字典是這麼定義：基於情感而非事實或證據，而知曉或理解某
件事，用來形容廚子，聽起來像是「你的廚房你說了算，瀟灑
甩掉一切規則教條指令，放開手腳在鍋鏟乾坤裡即興創作吧！」
霸氣是霸氣，但並不切實際。就料理而言，直覺不是無師自通，
也沒有所謂天賦異稟，必是以五感走廚，歲歲年年，將所做所
學所知所察，融會貫通，方能收穫的匯聚結晶。一切有根有
據，有可循脈絡，從代代相傳的煮食智慧，到踩前人肩膀精進
發揚的烹調心法。拿時尚打比方吧！中英混血長青穿衣指標艾
莉珊・鍾（Alexa Chung）說過一句簡直不能更同意的名言：「你
必需費盡全力，才能顯得毫不費力。」（Looking efforless takes

a lot of effort）在外人看來，好像全憑直覺，率性卻又無懈可擊的穿搭，背後牽涉的，是氣質與美感的步步養成，就算不是千錘百鍊，也離精心算計不遠。回到料理，如果天真以為任何人穿上喜愛的圍裙，自信爆棚昂首走進廚房，聽憑「直覺」指引，就能像《哈利波特》裡的冬青魔杖一點，變出滿桌佳餚，我只能說：請務必做好一敗塗地收場的心理準備。

直覺和真命天子一樣，不會從天上掉下來，乃殘酷且無可否認的事實，另一個也必需先殘忍戳破的粉紅泡泡是：不是人人都能，或有必要，成為直覺廚子。如果天生不喜近庖廚，比起挽袖動手更熱中巡禮品嘗；非不得已踏進廚房，也只求料理湊合出一頓能入口裹腹的餐膳，那實在不必勉強，奔向你人生其他的命中注定而去吧！反之，若你和我一樣，瞧見鮮摘碧蔬靚果便雙眼放光，被迷得暈頭轉向；穿梭農夫市集比趲逛精品名店更來勁；踏入香料專賣店，像置身繽紛糖果店的孩童，嘴眼彎彎，興奮得手足無措；對食譜有著一言難盡的複雜情愫，熱愛中不乏怨懟，尊重的同時又忍不住想挑釁，既想乖巧地順從，又難抑叛逆之心；攻克一道菜，樂得有如站上世界之巔；每天不做菜的時間，都在挖空心思想下餐要煮啥；想要一間 walk-in pantry 更勝於 walk-in closet。一路讀來，若果點頭如搗蒜，那麼無疑，你是塊能晉升直覺家廚的料。

在廚房裡縱橫來去二十餘年，沒有特意鍛鍊，自然而然就搖身一變直覺廚娘，大概是所謂的進化吧！抽絲剝繭並非無跡可循，拜本性痛恨按食譜做菜之賜，除了烘焙，鮮少正正經經依方子一口令一動作煮食，入廚時，視食譜為指南，而非鐵律，用來參酌而非死守；待經驗多，老油條了，食譜是靈感，作用在知新、在啟發。一路發展下來，點滴匯聚成專屬的料理直覺，日常炮製三餐，大抵能兵來將擋，水來土淹。今年後院菜圃竣工，苗兒抽長進度老天說了算，菜菜們開心起來兀自瘋長，右

一撮韭菜，左幾株茼蒿，睥睨威脅著：再不拔就臭老給你看！哪管你有沒食譜，更別想嗶嗶吹哨叫暫停，趁鮮拔摘火速整治都來不及，哪有美國時間去巡書櫃翻食譜，再說零食物哩程，等於天然 MSG，得其加持，調味如虎添翼，這麼被趕著逼著，遂練就不必食譜就能治菜的本領。

如果家廚有等級，直覺廚子肯定是藍帶級，身手如金庸小說裡最推崇的無招勝有招，也是茱莉亞・柴爾德在《茱莉亞的廚房智慧：一生走廚得來的基本廚工及食譜》（*Julia's Kitchen Wisdom: Essential Techniques and Recipes from a Lifetime of Cooking*）裡說的：「一旦精通某個料理技術功夫，往後幾乎再不用仰賴食譜，就能自在翱翔於炒鍋爐灶之間。」招式練到熟稔於心，不再拘泥於食方譜子，那是一種截然不同，只得意會，無能言傳的入廚之樂。

進階任意門
這邊請

〜〜〜 勤練基本功 〜〜〜

學書法先端正握筆，習音樂先識譜，玩攝影必需搞懂相機，進廚房當然也有洗切剁削煎炒煮的基本功，說多不多，說少不少，但地基打妥才能談隨機應變。挑本重磅食譜書狠練一把，精進可期。口袋書單限於篇幅，僅分享兩本有中譯的練功書：一是《鹽、油、酸、熱：融會貫通廚藝四大元素，建立屬於你的料理之道》（積木出版），從拆解料理四大基本元素，循序漸進傳授烹調出有滋有味菜餚的心法，插圖可愛，文字易嚼好懂，入門或老經驗都能收穫飽滿。其二為《食物風味聖經：運用科學原理全面剖析食材，100＋料理設計案例╳風味搭配╳感官體驗》（麥浩斯出版），學究硬派一點，無誠勿試。

〜〜〜 風味搭配 〜〜〜

廚工第一，配味第二，掌握這兩個要件，七成機率能端出安頓腸胃身心的料理。人有知交閨蜜靈魂伴侶，食物也不例外，譬如：番茄與蘿勒，抹茶與芝麻，椰子、芒果與鳳梨，起司與火腿，茄子與九層塔，蘿蔔與白胡椒，蘋果與肉桂，草莓與小荳蔻，薑、蔥與麻油，芹菜、紅蘿蔔與洋蔥，花生醬與果醬等，都是傳唱已久的天生絕配，觀察並牢記之，就能踩著廚師饕客前輩們的肩膀，在自家小廚房裡避雷斬將，沒有比這更棒的煮食偷吃步。強推《風味聖經》（大家出版），從經典到創新，全方位談風味搭配的重量著作。

左｜好好琢磨蔬菜風味，入廚做理想搭配，是直覺料理的美味捷徑。

懂得適可而止

料理有無限可塑性，食譜只是其一示範，絕非唯一，嫻熟某道菜色之後，務必依手邊食材、調料、道具機絲、食客喜好等，適時臨變，慢慢累積經驗值。勇於嘗試值得鼓勵，但懂得拿捏分寸，設定界限，亦至關重要，如果食譜裡傳喚新鮮水果，以乾燥果物取代不算是好主意；假設食方子裡需要嫩菠菜，派出頭好壯壯羽衣甘藍，雖不至於令食客翻桌，但九成九不會想重溫回味。至於必需斤斤計較的烘焙，更加不能大意，杏桃換蜜桃、檸檬替萊姆、優格代酸奶這些類平行交換，儘管放手一試，但以新鮮起司取代陳年起司這種主意，就不值得洋洋得意了唷！

微笑和失敗說 Hi

做菜和人生一樣，如果不失敗，要怎麼真正成功？如果不搞砸，要如何收編拿手菜？幸好，下廚又與人生不同，就算一敗塗地，最後全餵進廚餘桶，也不過就是浪費一點資源耗材，受些許暴殄天物的良心譴責。失敗沒什麼大不了啊！微笑起鍋，再來一次。

掉進蜂蜜發酵的
兔子洞

怎麼也料想不到，我和素來相見不相識的蔓越莓初次過招，會
是如此煙花璀璨，不但令我芳心萌動，還一股腦兒掉進蜂蜜發
酵的兔子洞，此生不渝。

移居美國二十餘寒暑，我竟是一次也沒有料理過蔓越莓，這個
認知不能說沒有一點震撼，畢竟這圓不溜丟的小東西，雖然限
於格局，一生難有挑大梁的命，但再怎麼說，也是年年感恩節
火雞大餐上的萬年配角，託火雞再怎麼煮都回天乏術之乾柴，
必需酸甜蔓越莓醬來滋潤的福，終究還是能瓜分到一咪咪聚光
燈的照耀。季節一到，就屁顛顛地跟在蘋果、梨子後，一身大
紅袍和南瓜大軍們招搖現身市架，猛刷存在感，要做到無視也
不容易，特別是我這個貪新食材的獵奇煮婦，什麼都想買來試
試，唯獨蔓越莓。之所以不為所動，自有我的道理：一來此物
長得雖討喜可愛，但完全就是包裝與內容不符之最佳示範，寡
味澀口，不漫天漫地撒糖，保證吃得讓人臉皺得像包子，加上
愈冷愈開花的天性，灣區不產，一律從美加東岸高寒地區空運
而來，習慣吃在地季節食，遠道而來的鮮果生蔬多半敬謝不敏，
沒有過一星半點親近的念頭，似乎也理所當然。

萬萬不料，我與蔓越莓不是今生無緣，只是時候未到。去年本
以為要撥雲見日的疫情，渾沌依舊，窩在家裡積極在廚房裡搞
東搞西，沒跟上瘋烤酸麵包、調製偽雞尾酒（Mocktail）、種

佛卡夏花園（把攤平的麵團當花壇，在上頭鋪排上美麗香草及可食花卉、蔬果，再入爐烘烤）、攪打「400下咖啡」（Dalgona Coffee）、以氣炸機炮製紅蘿蔔培根（家裡連氣炸機都沒有）等各種花式烹調，倒是深深迷上了蜂蜜發酵，而這一切得歸功於蔓越莓。話說也是在感恩節前後，應景食物食譜見縫就鑽一般被大放送，忽然就和一道以生蜂蜜發酵蔓越莓食譜打照面、看對眼了，食材屈指可數，方法不能更簡單，就算新手也是一塊蛋糕（a piece of cake），如果本是發酵練家子，簡直是雕蟲小技了。硬要雞蛋裡挑骨頭，唯二不完美就是，得等個至少五至七天開吃才入味，過程中得耐著性子，持叉替這些滑不溜丟的小果子一個個戳洞，不只一點麻煩，不留神戳到手也很正常，下回也許拿錘肉榔頭（meat pounder）來爆擊，如果可行，邊做邊紓壓，豈不兩全齊美？

製作簡單固然好，美味才是永誌不渝的關鍵。每天抓握著玻璃瓶上下搖晃，好讓蜂蜜和果子水乳交融之際，內心不免反覆猜想最後成品的滋味，期待中夾雜著絲絲狐疑，最後竟是大出意料的結果：吃來口感神似台灣脆梅蜜餞，只是味道更清新，甜而不膩，沒有量產食品的江湖氣，咀嚼起來恰到好處的喀嗞，齒頰蜜香盈繞不息。連嗑幾個，三魂被勾去六魄，徹底認栽。於是，迫不及待想搞懂，蜂蜜發酵到底是怎麼回事？

萬沒料到，原理非常基本，大抵就是靠蔬果本身就富含的野生酵母和細菌，加上生蜂蜜本身附贈的良菌來成全。當把本身約有17%水分的生蜂蜜（raw honey，指未經過加熱處理），稀釋到約20%的含水量時，就會自行啟動發酵機制。若發酵汁水多的蔬果，如脆桃、日本青梅，無需特別添加水分，蜂蜜裡的糖，能自然而然把蔬果富含的汁液擠逼出來，輕易可達發酵門檻；若發酵食材密實少汁，如蔓越莓或椰棗，加一小匙水或果汁意思意思，來助其一臂之力。蜂蜜發酵讓我想到歐洲歷史悠

久，名流貴族偏好品飲，添加大量水分，和酵母釀製而成的蜂蜜酒（mead），兩者算同宗一脈，只不過一個最後釀成了酒，而除了蔬果，再無其他額外添加的蜂蜜發酵，成了宜甜宜鹹，能單吃也可入菜變化利用，好菌爆棚的健康好食。

以往總認為，德國酸菜是最易駕馭的發酵入門，如今才恍然，根本蜂蜜發酵才是新手上路最佳選擇，穩定度高，除非食材先天有瑕疵，極難失敗；其次，不需張羅罕見機絲，一只洗淨消毒玻璃瓶，一小張烘焙紙，就能搞定。滋味嘛！你說有了甜蜜可人的蜂蜜加持，要走鐘談何容易？搞懂基礎道理，舉一反三的變化，即可信手拈來不費力。事實上，蜂蜜發酵簡直快成為我的廚房必殺技，尤其是拿來對付生吃不那麼熟美的果物，總是能幫其成功續命，像是朋友致贈的既不香又硬頸的杏桃，為避免被鳥兒啃食殆盡只好先行搶收的脆桃，連在台灣的媽媽收到青澀枇杷，我也請她比照辦理，以上所有實驗，都有了王子與公主從此過著幸福快樂日子的好結局。

準備跳進蜂蜜發酵兔子洞前，先來基礎教戰：

蜂蜜發酵適用肉質脆硬的水果，如：硬李子、青芒果、金柑（橢圓身，皮甜肉微酸）、金桔（圓形，通身酸）、枇杷、日本青梅、蘋果、荔枝、青木瓜、黃檸檬（若打算拿來調製蜂蜜檸檬汁，發酵十二至二十四小時即可）、櫻桃、脆梨、蔓越莓。適用質地堅實新鮮香草，如：老薑、嫩薑、薑黃、蒜頭、辣椒、墨西哥青辣椒、紅蔥頭和高良薑。

在香料方面，極具實驗冒險精神者，不妨試試肉桂、八角、小荳蔻、茴香籽、孜然、丁香、香草莢等變化調味。

第一次蜂蜜發酵蔬果就上手

低門檻的蜂蜜發酵，享用上不勞費心，尤其水果類，簡直零食來著，美味營養，入口零罪惡感，還有什麼比這更完美？想來點不同變化，可佐優格，作為燕麥粥、冰淇淋澆頭，或拿來裝飾蛋糕；發酵蜂蜜剩餘甜漿，可製涼飲，混入奇亞籽，添口感增能量；調沙拉醬汁更是一絕。香草類發酵，如薑、蒜、薑黃等，乃增強免疫力聖品，定期服用，健體強身。

〔材料〕

任選果物
視情況洗淨去核，切塊或切片，有助發酵進行，不易剖半去核者，如日本青梅，則以刀背拍裂或叉子戳洞。

在地生蜂蜜
必需生蜂蜜方具發酵能量，風味淡雅，不搶味者尤佳。

以上材料分量依玻璃瓶大小而異，原則上能填滿 ¾ 瓶身為佳。

〔做法〕

1 取一消毒乾淨玻璃瓶。
2 將備好水果稍瀝乾，放入玻璃瓶。
3 緩緩倒入適量蜂蜜，大約淹過水果，抵達約瓶子肩頸部位（汁水不多的水果，記得加一兩小匙水或鮮榨果汁，助發酵一臂之力）。
4 取一合適大小烘焙紙蓋住瓶口，旋上瓶蓋，倒立搖晃數次，旨在讓蜂蜜密密裹住果物。置瓶子於深底盤皿，注些許水，有助隔絕螞蟻聞香而來，擺陰涼處。
5 頭幾天，日日重覆倒立搖晃動作，亦可稍微旋鬆瓶蓋使其透氣。
6 三日後可每日試吃，滿意風味口感，即可冷藏保存。

失敬了！
祖傳豆子

安迪・沃荷（Andy Warhol）有句名言：「在未來，世界上每個人都能享有十五分鐘的成名光環。」他大概怎麼也料不到，這話也能套用在乾豆子上。二〇二〇新冠疫情啟動世界各地瘋狂囤貨搶購模式，除了令人搔頭抓耳、百思不得其解的衛生紙狂缺，從來不受矚目，本分踏實過一生的乾豆子，一夕間也變成當紅炸子雞。灣區來自納帕酒鄉（Napa），包裝標籤打印著檀口微張、舌尖朝右上舔豐脣、略帶挑逗意味的復古女郎影像，辨識度極高的祖傳乾豆名牌 Rancho Gordo，據聞訂單像七級海嘯般湧入，一兩天內清空原本預估半年售罄的乾豆子量，旗下豆豆俱樂部（beans club）候補名單長達數萬。

在美國，乾豆從不曾如此風光，可相較衛生紙，豆子供不應求，倒相對容易理解，美國南方人視乾豆子與玉米麵包（corn bread）為時局困頓、人生艱難時，肚皮與靈魂的救贖，只要儲食櫃裡有豆子軍團坐鎮，生活就有底氣，人生就有希望。可不是？光想像一大肚腩湯鍋，棲踞爐台，以文火噗嚕噗嚕煨煮，炊煙般熱氣裊裊氤氳一室，豆香襲襲，被現實揉捏起皺的心情似乎也被妥妥貼貼熨燙平整。

令人玩味的是，自帶魔力的豆子，同時也是史上最被看扁到塵埃裡的食物，內涵美德屈指數不完，身價平易近人，低脂高蛋白，渾身纖維，維他命 B 群、鐵、鈣、鎂、鉀和抗氧化物皆備，

屬複合式碳水化合物，止餓擋飢，不管橫看豎看，身家履歷近乎零死角無懈可擊。如此完美，爲何撇開愛豆大國如印度、墨西哥和東非諸國，從未在世界其他地區受到等比垂青關愛？我的不負責任猜測是，初始形象管理之一步錯，步步錯，無辜豆子，不知在哪個環節和貧窮畫上等號，要洗白，還眞只能靠命運造化。

天佑豆子！顯然守得雲開見月明了，一場突發疫情，讓乾豆收穫歷史性注目，加上地球暖化、氣候變遷愈演愈烈，順流壯大的純素飲食趨勢，身爲友善環境植物性蛋白質天王，豆子本尊和以之變化的各種素料分身，以堅定不移的決心，踩踏著不疾不徐步伐，企圖蠶食攻占餐廳廚房與家庭餐桌，豆子身價顯然不可同日而語。現下的我，雖還遠遠稱不上死忠豆粉，但親近之心與日俱增。

我的乾豆啟蒙甚晚，畢竟成長在，嚴格說來，僅僅獨鍾黃豆的台灣，愛戴加工黃豆製品更勝本尊，尚稱普及的綠紅雙豆，頂多在甜品裡插個花，至於不起眼的黑豆，勉強靠內涵苦撐，偶爾養生餐裡跑龍套，如斯環境，造就我對乾豆子一知半解，積非成是，誤會連連，也算是情有可原。一直到飲食習慣開始向原型食物靠攏，三番兩次力圖與乾豆親近，以各種坊間煮豆口訣祕方整治，泰半都以食不下嚥收場，無數次煮到天長地久，豆子依然頑固如石，印度女友莎薇莎勸敗壓力鍋，但我始終不願退讓，總覺得是本末倒置的行爲。僵持不下，只能和乾豆子保持相敬如賓的距離。

這段關係的轉捩點，發生在某年夏秋之際，北灣南下時，順道於 Tierra Vegetables Farm 蔬果路邊攤踩點，貨架蔬菜堪堪換季，橘紅澄黃是大宗，青鮮翠綠成點綴，目光不由自主被幾列排開各色各式農場自產自曬的玉米、辣椒和乾豆子攫住。「那叫派

特路馬淘金熱（Petaluma Gold Rush）。」收銀台後方穿著墨綠毛衣、一頭蓬鬆棕髮的太太，順著我的目光補充說明。「真美的豆子。」外貌協會的我動搖了。「這是今年農場收成曬乾的豆子，新鮮乾豆很容易煮的，連泡水也不必，這品種吃來綿密又肉感，值得一試。」一來一往聊著豆知識，原來，乾豆亦有黃金賞味期，長期供在陰暗儲食櫃，就算外表如初，內在和人類一樣，愈老愈形頑固，怎麼煮都不服軟。這麼說來，困擾糾結多年的乾豆難馴之謎，全繫於豆齡，如此簡單？

當晚迫不及待想印證，清水淘洗派特路馬淘金豆，嘩啦啦倒進鑄鐵鍋，注入淹沒豆子十公分水量，添半顆洋蔥、數小段茴香莖、一片月桂葉、幾匙初榨橄欖油，大火滾煮五分鐘，溫火續燉至熟軟，時不時查看，豆子在軟化投降之際，以鹽調味，視豆身大小，約一至三個小時可煮就完成。掀鍋，舀一小匙豆子滑入嘴裡，呵氣，細嚼，香料、香草、豆子交織成的澎湃滋味，如煙火在脣舌間綻放，豆子軟糯得一塌糊塗，一口接一口停不住，然後，整晚就像傻子一樣笑得合不攏嘴了。

此番旗開得勝，讓我放膽入手幾袋 Rancho Gordo 的祖傳豆子，有超市基本乾豆班底之一的斑紋豆、名喚午夜黑的烏龜豆，以及米白豆身、豆眼處綴著一芥末黃圓點的黃眼豆，順手帶上老闆史帝夫・桑多（Steve Sando）出版的《祖傳豆豆指南》。儼然美國祖傳豆子教父的桑多先生表示，煮出一鍋滋養好味豆料理的祕訣，說穿了就是：不用陳年老豆，收成一年上上佳，兩年還可接受，鮮豆、好油、適量鹽和大把時間，就這四句口訣。這也意謂，市面貨架上身世不明、出生年分不詳的乾豆，能免則免，有管道的話，直接向在地小農購買，退而求其次，找信譽有保證的品牌，要更講究，就指名代代相傳、保有獨特品貌與咬感風味的祖傳品種（heirloom beans）。有心煮豆子，就把功夫做足，豆子必將粉身碎骨，泉湧以報。

基礎豆及其華麗變奏

基礎煮豆子

〔材料〕

1 杯乾豆
1 大匙初榨橄欖油
½ 個中小型洋蔥，剖半
1 根中型紅蘿蔔，切大塊
1 瓣西洋芹，折半
1 片月桂葉
適量清水
1～2 大匙海鹽
其他香料任選，如大蒜、義大利綜合香料或
牛至、孜然、百里香、迷迭香、辣肉醬綜合
調料、煙燻紅甜椒粉、帕馬起司磨剩邊角、
卡宴辣椒粉

〔做法〕

1 豆子洗淨挑過，以清水浸泡隔夜，或六
小時以上（豆子夠新鮮可略）。
2 取一燉鍋入油燒熱，入洋蔥、紅蘿蔔、
西洋芹爆炒至噴香，下泡好的豆子和月
桂葉，注入淹過豆子三公分以上清水，
大火加熱至沸騰，滾煮十分鐘轉文火，
下其他調味香料，上蓋悶煮一至三小時
（也可送入 180°C ／ 350°F 烤箱），時
程視豆子鮮度及大小而定，不時試味，
感覺豆子稍軟化的當口，以海鹽調味。
煮至豆身軟綿，並適時補充蒸發的水量。

基礎豆子華麗變奏

〔變奏 1〕

承續基礎煮豆法，先撈出大塊蔬菜，步
驟 2 加海鹽調味時，傾入約兩杯番茄塊
（新鮮或罐頭皆可）和兩大匙番茄糊，
續煮至豆汁略收乾，調入一兩大匙蜂
蜜，再倒入陳年巧達起司絲，入 200°C
／ 400°F 烤箱烤至起司滾燙、上色，約
二十分鐘上下。

〔變奏 2〕

承續基礎煮豆法，瀝出煮軟豆子，加入
香腸燉湯或綜合蔬菜湯裡，配著蒜香麵
包即是豐足一餐。

〔變奏 3〕

承續基礎煮豆法，瀝出煮軟豆子，撒新
鮮香草，磨點起司，作為澱粉主食；若
混拌入沙拉，健康管飽。

〔變奏 4〕

承續基礎煮豆法，瀝出煮軟豆子，和芫
荽飯、陳年巧達起司絲、酸奶、酪梨醬、
莎莎醬和香料加持肉品，拼組成墨西哥
風味餐。

成爲果乾香奈兒富婆
的感覺還不賴

秋分一過，柿子季節就在不遠處，彷彿腳尖一墊就可瞧見，廚房中島透明玻璃罐子裡封藏的去年分柿乾，所剩無幾，年度新品既然指日可待，總算能開懷大啖。自從年年行禮如儀自製日本柿乾（Hoshigaki），都是這般完食節奏，收成時像樂透得主，毫不節制，不管單獨切片，或是配襯單一產地巧克力、切丁點綴燕麥粥、偶爾與起司在冷盤前菜聯袂演出，總之，頭戴果乾界香奈兒桂冠的柿乾，只愁不夠揮霍，永不嫌多。春天都還未幸臨，就驚駭發現，柿乾存款遽減，嚇得緊急凍結帳戶，省食儉吃，直到柿子即將再度上市，才能好整以暇把最後幾顆柿乾給拆吃入腹。

印象中，台灣柿乾以不需脫澀、形若圓碟的富有柿爲大宗，我雖不那麼鍾情，倒也不排斥，左盼右望、一心等著上市想一嘗爲快的心情不曾有過，連帶也對日本柿乾沒起過什麼染指的歪心思，即便通身沾滿銀白糖霜，仙氣飄飄的修長身姿形貌，偶爾確實讓我心旌動搖，只是定睛看清身價標籤，伸出一半的手又快快收回。直到灣區女友 G 割愛兩枚來自任職帕尼絲之家（Chez Panisse）甜點廚師朋友的傑作，這不嘗則已，一嘗大驚，一則驚豔於其口感，儼然天然無加工法國精緻水果糖 Pâtes de fruits，收乾濃縮出帶著秋日香料氣息的細緻風味，確是珍饈無誤；另一，則驚惶於那些白白擦身而去的過往。基於加倍彌補的心情，輔以年年往上蹭蹭蹭的身價，我綁上誓必攻克的頭巾，

磨刀霍霍朝日本柿乾奔去。

拆解起來，日本柿乾技術難易值，勉強打個兩顆星，毋需特別本事或廚藝加持，令人卻步的，前有刨皮、修蒂、綁線、吊掛等細瑣碎工，後加長達四至六週悉心照料，確保脫水瘦身期不發霉招蟲。親力親為一次，不難理解，有機農場一磅五六十美金起跳的硬頸身價，其實挺合理，不黑心。理解是一回事，想不想撒銀，解一時饞，又是另一回事。骨子裡總是熊熊燃燒著手作魂的我，怎能把樂趣拱手讓人呢？在這個網路上沒什麼教學找不到的世代，動動手指看支短影片，柿乾製作來龍去脈也就略知一二。無巧不巧，心動之際，收到華森維爾（Watsonville）Bird Song Orchard 的日本柿乾手作課飛鴿通知，選日不如撞日，二話不說報上名，自個兒固然能在家輕鬆解鎖，但與手作同好作伙邊喳呼邊勞作的興味意趣，更是難能可貴。

手作課那日風和日麗，在農場度過一段比預期更美好的秋日時光，女主人娜汀・雪佛（Nadine Schaeffer）領我們見識她打造的色彩斑斕、甜香四溢玫瑰花圍，也和一列列衛兵站隊似的、多達十來種的柿子樹打招呼拜碼頭。經驗老道的蘿希把自製日本柿乾技巧教個通透，一群人在燦陽下，吃喝話家常，不只學手藝，心也被妥貼療癒，結業拾了幾個現場實作樣品返家。一切都極為順利，直到猛然想起，隔天早計畫前往北灣曼德西諾郡（Mendocino County）度小假，媽媽咪啊！這些個被剝掉外衣的裸體柿子，變成燙手山芋，若留著看家，回來怕是凶多吉少，霉點斑斑，可帶著幾枚裸柿出門，似乎有些小題大作。到底還是捨不得浪費，畢竟是課堂習作，莫名有種必需要好好完成的使命感。罷了，反正是自由公路旅行，免提免塞，將裸柿妥妥繫上棉繩，綁在一截短木棍上，再扛台迷你電扇便上路。

右｜農場採柿，到一一處理製成柿乾，是我每年秋天最享受的儀式。

一路上感覺自己成了柿奴，開車窗以海風吹拂，下榻時，不是先擺配行李，而是安頓柿寶們，覓一處風水吉地好生供起來，不出門時，便以風扇小心伺候。幸好，暢遊北灣一圈返家，舟車勞頓的柿寶，毫髮無損，回家繼續風乾大業，我的日本柿乾處女作獲得壓倒成功，自此，信心滿溢地開啟自製日本柿乾的秋日儀式。

美國果物場子裡，秋柿一向由富有甜柿（Fuyu）和澀柿八谷柿子（Hachiya）領銜主演，前者不必脫澀即可享用，脆甜爽口，吃食能變的花樣多，人氣更熾；後者需室溫存放至渾身果肉熟軟，肌露金光，表層被內裡汁水撐得緊繃細薄，感覺輕輕一掐就要爆漿，是最完美的開吃時機，頂好以湯匙掏舀，入口以瓊漿玉液形容，只能說中肯，不唬爛，是耐得住性子鵠候者，方能親炙的極滋妙味，鮮喫外，頂多在烘焙插一腳，歡迎度略遜富有甜柿不只一籌。

若要做成柿乾，雖絕大多數柿種都能勝任變身，但我以為最經典的，還是形如橡實的八谷柿，在果實通身渲染成橘紅夕色，內裡果肉仍硬脆時採摘，最為理想。南加日本美食作家酒井老師（Sonoko Sakai）製柿乾製出了門道，可以像經驗老道中醫把脈般，手掌一包，五指收縮按壓，依軟硬度研判，是不是刨皮倒掛的良辰吉時，我這才上路的新手，還在參透箇中講究的路上，倒是有一點萬分篤定，鮮採柿子最好在流理台上晾個幾天，平息一下被強行掰離枝幹臍帶的衝天怨懟，等渾身劍拔弩張的憤刺收斂了，再進行脫皮工程，曬出來的柿乾賣相口感最是上乘。說是這麼說，真心覺得柿子們挺寬容大度，只要謀定通風良好處，天天日光浴，定時溫柔按摩，舒筋活血，最後成果大多軟糯Q甜，愛不釋口。

家宅晾柿子的風水寶地，位客廳面朝前院庭園的落地大窗，日

照豐足，前兩年怕自己三分鐘熱度，克難擺兩張椅子，中間架根車庫回收的長木棍，旁邊安把電扇呼呼吹，布置成一迷你克難曬柿場。處了兩年，確定不離不棄的心意，入手阿米希人（Amish）製的優雅原木折疊晾衣架，產量往上提了幾成不說，可賞心悅目的呢！吊掛架上的金黃裸柿們，沐浴在閃亮亮秋陽裡，依隨風扇如佛朗明哥舞孃款款搖擺，也像聖誕樹上的盞盞燈籠，是最別出心裁的節慶裝飾。每每瞅見門前往返散步的鄰居駐足欣賞，總讓我內心暗喜許久。

手把手教戰日本柿乾

年年行禮如儀曬柿乾，也琢磨出些門道，近年總把步驟拆解開，分梯次完成，譬如先修剪蒂頭，將螺絲釘旋進果肉裡，再另擇吉時進行削皮、綁繩、懸掛，一次處理也量力，不求多，如此一來就感覺遊刃有餘，愈發能感受手作的愉悅。

〔機絲〕

消毒過的螺絲釘
廚房用棉繩
廚房刨刀
剪刀
切水果小刀

〔材料〕

淨身的八谷澀柿

〔做法〕

1 將螺絲釘一一旋入柿子蒂頭中心約一公分深。

2 剪刀修剪蒂頭，循著中間圓蒂弧度修整，盡可能修剪成一小圓心，賣相更佳。

3 持刨刀由蒂頭朝尖頭方向刨掉柿皮，近蒂頭刨刀難及之處，以小刀小心片除。

4 螺絲釘綁上棉繩，以高低錯落排列方式（避免兩顆柿子因太過接近而互相碰撞），繫於備好的木桿。

5 開啟風扇，以最小風量吹拂柿子，白天日曬時可暫停，晚上再啟動。

6 前七日是閉關期，勿擾，抽空觀察有無發霉異狀即可。七日後，表面將形成一層薄皮，開始稍微輕按揉捏，溫柔對待，以免破皮，每隔兩三日按摩一回，直到柿子風乾至滿意程度即可收成，約需四週到六週，視柿子大小及天候而定。

7 若在美國氣候乾燥地區，收成柿子置於密封玻璃罐，放陰涼處，可保鮮持味至少一年。若處於易受潮的台灣，建議封存置冰箱或冷凍（食前退凍即可）。

吾家冬至吃
巴斯克

每年都要烤起司蛋糕的。次數不定，時機即興，出爐概率高峰期，通常落在熬封一批華倫梨焦糖醬後，或極其走運地手刀攜獲日本柚子（yuzu）時，原因無他，前者和原味起司蛋糕堪稱「天上少有，地上無雙」的絕配，後者是能隻手將起司蛋糕風味拉高不只一檔次的柑橘屬果子，如此這般的撩撥，貪吃俗女如我，如何能抵擋？除開以上心血來潮的時候，每年冬至，圓滾軟 Q 湯圓可以不揉不搓，但，起司蛋糕必需得烤，沒有商量餘地，二十年來始終如一，誰教此乃少爺小查生日指定款，為娘的只能拱手作揖說聲：「遵旨。」

年年炮製，極少重覆，是說在邂逅巴斯克起司蛋糕（Basque Cheesecake）前，我的字典裡，還真沒有從一而終這個詞，像隻花心蝴蝶東試西嘗，從濃馥醇厚的重磅紐約風，到綿軟蓬鬆的舒芙蕾日本味，還曾因一時好奇，不嫌厚工地從自製瑞可達起司（ricotta cheese）開始，忙梭整日，烤了一枚義大利西西里風格起司蛋糕，美味是美味，但投資報酬率低到再也沒有下回。總之，除天生對雪藏冰品無力招架，而自動省略的免烘烤生起司，也算獵豔無數了，試過大同小異食方子，不在少數，堪堪僅有美食雜誌《胃口大開》（*Bon Appétit*）分享的橘香起司蛋糕佐糖漬金柑，重溫幾回，大抵非命定之糕，最終還是因工繁序瑣難伺候而分道揚鑣。

所幸，食神還是眷顧著我的，巴斯克起司蛋糕無縫接軌似的，翩翩降臨。

說來還得感謝把世界搞得天翻地覆的疫情，灣區餐飲食店因居家隔離令，整個幾近癱瘓停擺，一波波被無辜解僱的廚師業者只能另闢蹊徑，自謀生路，一時之間，各種花式快閃餐點百花齊放，巴斯克起司蛋糕便是其一。我手腳夠麻利，尚未賣得熱火朝天前，有緣得嘗。不得了！自第一口到完食，傾慕如泉，噴湧而出，焦糖色外層包藏白月光似的內裡，口感由外向內，漸次從緊實到流心，豐沛酪香交織近乎煙燻的焦甜氣。我心篤定：這是一見鍾情的滋味。邊食邊在心裡算盤打得嗶啵響，往後嘴饞念想時，便下單來一顆，不勞而獲的美味，是天上掉下的彩蛋，樂於以鈔票換取。想像很豐滿，現實太骨感。不知是不是疫情讓人心情鬱卒寡歡，巴斯克蛋糕成了精神救贖，燎原似地在灣區像野火爆紅漫燒，偏好來自獨立廚師的貨源，動不動秒殺，令人撫額頹喪。狗急跳牆，兔子被逼急了會咬人，貪吃鬼饞到不行，只好握拳埋頭實驗。

端坐筆電前，袖一捲，定睛爬文，這才後知後覺發現，巴斯克這恬恬吃三碗公的傢伙，不僅摘下《紐約時報》二〇一九年度甜點桂冠、登上《胃口大開》美食雜誌封面，攻占不計其數名家，如：奈潔拉・勞森（Nigella Lawson）的食譜書，《芝加哥論壇報》食評家菲爾・維特爾（Phil Vittel）更表示，其乃此生親嘗最美味起司蛋糕是也。掐指一算，之所以脫隊落後一大截，原因出在巴斯克獨領風騷那年頭，我正處於乳製品戒斷期呢！對於各種乳酪花式引誘，採眼不見為淨的消極態度。有緣千里來相會，說的可不正是我和巴斯克起司蛋糕的相遇？打破各種對一般起司蛋糕既定認知的叛逆巴斯克，出自西班牙巴斯克地區首

右｜看似樸實的外表下，其實隱藏令人驚豔的內涵。

府，一家叫 La Viña 小酒館主廚老闆山提亞哥‧瑞維拉（Santiago Rivera）手筆，根據傳統配方研發得來，在地名字叫 Tarta de Queso，挺直白，中文直譯差不多等於家常起司蛋糕。巴斯克這名號，據說是日本率先喊出，英文喜歡再加個烤焦字樣（Basque Burnt Cheesecake），稍嫌畫蛇添足，但博人眼球的目地是達到了。如美女一笑傾城，巴斯克只消一口，便輕易征服嘴刁饕客，引起美國眾名廚爭相解鎖配方，殊不知，原創廚師瑞維拉根本對食方毫不藏私，意者開口，來者不拒，更有甚者，還大力鼓吹修刪微調，嗜甜便加碼糖量，鍾意香草或檸檬也請隨喜，怎麼喜愛怎麼烤，原譜就是個參考。嘿嘿！不才廚娘我，那自是恭敬不如從命，文末附上的方子，不必驗 DNA 也知道，是原版不知幾代流傳下來的徒子徒孫。

如果說嘗過巴斯克，讓我從此對它上了心，歷經幾番嘗試，終於烤出心目中理想版本後，更是徹頭徹尾臣服拜倒在其石榴裙下。也許是莫名偏心，也許是特別投緣，巴斯克在我心中無疑是遙遙勝出的，區區五食材，便能成就如此這般，既簡單又複雜的風味和口感，不能不向瑞維拉廚師致敬，到底是受何等啟發，而想出超高溫烘烤此妙招呢？實在太天才，一招翻轉傳統起司蛋糕既定印象，走出自己一條康莊大道。迥異紐約和日式起司蛋糕，巴斯克無餅乾底，省下幾道功夫，高溫烘烤，免水浴伺候，脫底模鋪上兩張烘焙紙，傾入一只盆子攪拌到底的起司蛋奶液，半個鐘頭左右噴香出爐。以往為了烤出完美無瑕起司蛋糕而費盡心思、用盡手段的我，一時之間難以置信。回過神來，內心萬般篤定：巴斯克蛋糕，從今以後，冬至就拜託你了。

不消說，巴斯克在我眼中直逼十全十美，雖不乏饕客廚娘愛拿其和紐約、日本起司蛋糕掂量，以惋惜的口吻，挑剔著巴斯克略為不修邊幅的外型，說我是情人眼裡出西施吧！打心裡覺得，巴斯克起司蛋糕就是樸拙與雍雅之間的完美混血，極度耐

看。要我說，唯一稍微叫人犯嘀咕的，就是對烤溫太敏感，意欲挑戰完美口感及妍麗焦糖色，烤箱烤溫準確度及受熱平均與否，主宰著成敗，畢竟高熱短時，決勝在瞬間。話說回來，若不斤斤計較勝負得失，要徹底搞砸這款蛋糕，真不是太容易，烤過頭，大抵就是糕體扎實些，香氣有餘，濕潤不足，微笑完食，絕不勉強；若是太心急，提早請出爐，剖糕可能面臨坍塌瓦解，癱軟一片的狼藉結局，但眼一閉，也許會愛上那腴滑似義式奶酪的口感也說不定。要我選，不及勝於太過。拜吾家桀驁不馴烤箱之賜，功敗垂成兩回，終於換得光榮勝利。一旦掌握巴斯克起司蛋糕的軟肋，以後就任你隨喜拿捏了。

六吋原味巴斯克起司蛋糕

〔 **材料** 〕

1 磅（2 小盒）費城奶油起司，室溫放軟
110 克二砂糖
3 顆大型蛋，室溫

1 杯（約 250 毫升）鮮奶油（heavy cream），
室溫
1 小撮細海鹽

〔 **做法** 〕

1　烤箱以 230°C ／ 450°F 預熱至少二十分鐘。
2　以兩張烘焙紙（防起司蛋奶糊側漏）鋪於六吋可脫底烤模（springform pan），周圍盡量按壓平整，有助成品賣相。
3　三顆蛋打散。
4　奶油起司放入大攪拌盆，以刮刀朝盆壁壓輾，直至平滑。倒糖，用同樣手法攪拌，使糖與起司完全合體，質地鬆發。
5　一次一顆蛋量，分三次，倒入步驟 4 裡，每回皆攪拌至均勻無結塊再續加，記得盆壁的沾黏也要刮下拌入。加海鹽，拌勻。
6　倒入鮮奶油前，再次確定起司蛋奶糊綿密無結塊，確保最後蛋糕口感細膩腴滑。最後，邊緩緩倒入鮮奶油，邊輕柔攪拌至融合。
7　將起司糊一氣呵成倒入備好的烤盤裡，再將烤盤於流理台上輕敲幾下消泡。將烤紙往外折（或事先修裁，使之略高於烤模兩三公分）。
8　烤模置大烤盤上，入預熱烤箱，以 230°C ／ 450°F 烤二十分鐘後，調高烤溫至 245°C ／ 475°F 烤十分鐘，再調高至 260°C ／ 500°F 烤三至四分鐘，至表面染上焦糖色澤、質地仍處流動狀態時取出（別懷疑，中間半生不熟時取出就對了）。若烘烤三十五分鐘後，表面仍上色不足，建議取出，以免過熟。

〔 **精進小筆記** 〕

◎ 放涼後冰鎮隔夜，糕體凝固，是吾家偏好的口感。◎ 使用室溫食材。◎請依自家烤箱習性，微調烘烤時間及溫度。◎ 可於步驟 5 後加入檸檬皮絲、香草籽等，微調出不同風味。

偶爾來點巧克力
並無傷大雅

美國人對巧克力的莫名偏愛，是我始終難以理解的，用偏愛來形容，或許還不夠傳神，那癡狂勁大概只比徐四金名著《香水》裡，葛奴乙對少女香氣的迷戀略遜兩籌。超市貨架上的零食、甜品、糕餅、糖果……乍看陣容浩大繽紛，卻禁不起細看較真，巧克力、巧克力，還是巧克力，巧克力像背後靈一樣無所不在，偶爾穿插點花生、焦糖與棉花糖，嘖嘖！光看著這些字眼，牙根忍不住就要犯軟泛疼，更別說一口接一口往嘴裡拋，吃得齒頰生津，一臉陶然。我常想：到底是美國人對零嘴想像有待開發？還是對巧克力的迷戀，限制了對甜食的想像？真該派員到台灣進行零嘴地毯式田野調查，刁鑽獵奇，唯有天空是極限的選項，保證是顛覆想像，刷新認知的震撼經驗。

我對美國有待加強的零食興趣缺缺（唯一例外，是偶爾從兒子萬聖節要回的鼓鼓糖袋裡，翻出幾條KitKat威化餅藏匿獨享），但時不時還是會礙於社交禮儀，面露微笑忐忑服用，而這些呆甜無味的玩意兒，趁我不備，一舉滅了我對巧克力所剩無幾的想望。原本對巧克力就只是淡淡的喜歡，這下子，連喜歡也要掉漆。怪不得我大小眼，只吃名門大戶榮譽出品，或者用料講究、小量生產的獨立品牌。上心的，La Maison Du Chocolat 出品原味黑松露乃長青心頭好，攪打成如絲緞般幼滑的甘納許（ganache），裹一薄層黑脆巧克力，手工滾沾佳質巧克力粉，每每品嘗，總是虔心敬謹遵照品牌指示，將松露剖半，含入

口中任其自顧自融化，闔眼品辨如細浪波波來襲的細膩風味變化，莫怪此物成爲鎮店之寶，乘勝追擊研發其他撩人口味合情入理，黑醋粟、給宏德海鹽和太妃焦糖香草，個個聽來魅惑迷人，但我依然獨鍾原味。

說到法國黑松露巧克力，很難不聯想到日本同門師妹 Nama，日文 Nama 譯作「生」，延伸形容有「純粹、無比新鮮」之意，兩者一樣在甘納許上做文章，殊異在於選料用材及演繹手法，來自北海道的 Royce 儼然 Nama 巧克力代名詞，至於何者更加勝出？容我狡猾表示，有機會得嘗，兩者一概來者不拒。畢竟，人生啊！小孩才做選擇，成年人當然全都要。倒是更多時候，張羅來區區幾樣食材，自家廚房裡操作起來，家製復刻版雖不及眞品的如絲如緞，但勝在食材眞純，工序簡俐，最麻煩就是把巧克力切得細細碎碎這個步驟而已，和上溫熱鮮奶油，木匙鍋裡撥划幾下，倒入備好烤模冷藏定型，估計有煎太陽蛋實力者，皆能勝任有餘。

我可以輕易與坊間主流巧克力保持距離，但沒辦法和周遭密密麻麻的巧克力迷拒絕往來，爲了情誼能好好延續，有必要練個一招半式，隨時等待上場的巧克力甜品，完成賓主盡歡的使命。在美國，巧克力烘焙家常選項頭牌，私以爲非布朗尼莫屬，眞不是我信口開河，谷歌大神一輸入，瞬間召喚來一億六千萬則食譜，陣仗忒驚人。算我運氣好，胡找瞎矇的，撞上柏克萊食書作者艾麗絲‧瑪迪區（Alice Medrich）的布朗尼配方，瑪迪區是美國烘焙界專擅巧克力甜點的大前輩，她的布朗尼食譜直截不拖沓，是我偏愛的馥郁滋潤 Fudgy 口感，一試傾心（特別收錄在《裸食：好食好日好味道》）。Potluck 或聚會推派出場，總能贏得滿堂彩，當然，祭出法芙娜（Valrhona）70% 可

右｜覆盆子起司糊是升級家常布朗尼的祕密武器。

可含量巧克力加持，亦功不可沒。去年，赴北灣獨種覆盆子的 Boring Farm，鮮採一批紅豔豔覆盆子，受到美果激勵，搞鼓出覆盆子奶油起司布朗尼，聽起來光芒萬丈高大上，說出來不值一哂，就是布朗尼麵糊上，覆一層覆盆子奶油起司糊，最難的，其實是以細刀尖畫出，如英文書法字一樣好看的大理石波浪紋這一步。且慢擔心，就算你毫無藝術天分，結果不忍直視，也不減損其銷魂程度一星半點，畢竟，它就是個鐵錚錚不以外貌取勝的實力派糕點啊！

近幾年，舊金山吹起陣陣 bean-to-bar（從巧克力豆到巧克力片）風潮，簡單定義是，由巧克力手作職人一手包辦，始於入手單一產地，頂好來自講求人道權益與公平報酬豆農的心儀豆子，溫柔烘焙伺候，精心研磨，到最後製成巧克力片磚，一條龍過程，成分通常極致純粹，可可豆和糖，頂多添點微量可可脂（有助定型）。不知是不是偏見太深，儘管聽來字字直擊芳心，我依然不為所動，直到在 IG 與剛創牌 J. Street Chocolate，一人校長兼撞鐘的茱莉亞·史崔（Julia Street）搭上線，被她風味刁鑽到不能更刁鑽的小量手作巧克力塊磚給挑起興趣。她不單鎖定單一產地 bean-to-bar，更大膽添入發酵食、發酵剩食及升級再造食物（upcycled food），山茶花茶巧克力、味噌巧克力、發酵墨西哥青辣椒巧克力、發酵甜菜根覆盆子巧克力、椰子芝麻鹽漬檸檬巧克力、酸麵包巧克力、焦糖鹽麴巧克力、漬黑橄欖檸檬百里香等等出品，充滿東野圭吾式懸疑，令人兩眼怒放晶光，恨不能一嘗為快，如此想的同時，腦連心、心連手地利索下單，自此一路忠誠追隨。

始終認為，生命長廊上，但凡人事物的情誼開展，都需要契機，遇見坦率真誠的茱莉亞，是引領我再次進入巧克力世界的渡船頭。在她的勸進下，走進舊金山座落 Noe Valley 區二十四街上的巧克力專賣店 Chocolate Covered。這家有幾十年歷史的

經典老店，絕對是這矜貴城區裡的異類，門面簡廉不起眼，招牌一如其內裡般陽春，逼仄暗窄穿堂似的空間，整牆滿櫃密麻排列來自世界各地上千款巧克力，老闆傑克·伊斯坦（Jack Epstein）偏愛獨立品牌，以此與大通路商做區隔。如果你和我一樣，入店即被勾引得芳心失據，選擇無能，直接求助傑克吧！他經驗可老道了，健談博識，有問必答。

那日帶走米其林三星主廚湯瑪斯·凱勒與義大利初榨橄欖油品 Manni 聯手打造的 K+M 巧克力，和主理人始於好奇，最終背棄工程師專業，改以製巧克力維生的 9th & Larkin。之後，又陸續領教了灣區手作巧克力界獨領風騷的 Dandelion，柏克萊起家、主打 100% 純素巧克力磚的 TCHO，還有 Volo，那是一位旅居墨西哥時愛上當地巧克力的主廚，返鄉決心以老家索諾瑪酒鄉（Sonoma Wine Country）在地食材，製作出的心目中夢幻逸品。感覺像發現另一個小宇宙，甜得呆膩的主流工業巧克力與究極手工 bean-to-bar，根本分居光譜兩個極端。精純巧克力在風味表現上，可比咖啡和酒，殊異瑰麗，櫻桃、威士忌、紫丁香、雪茄、蜂蜜、覆盆子、鳳梨、茉莉花、玫瑰、烤肉、爆米花、生馬鈴薯、班蘭葉等，看似天馬行空，卻都是細品後能推敲得出一二的風味註記。

Bean-to-bar 的崛起，也帶動白巧克力的大翻身。此物自古以來聲名狼藉，倒也不冤枉，畢竟糖奶為主成分，極難出類拔萃。苦熬多年，近期總算從手作巧克力師傅身上，瓜分到部分關愛眼神，漸次有了令人亮眼的出場，也許是慢慢焦糖化上好質地的奶粉，或是各種出奇不意的風味添加，總之，是與純粹讓單一產地豆發光發熱的 bean-to-bar 不同路數的表現。「以可可脂製的白巧克力，當然還是巧克力一門宗親啊！白巧克力是能乘載萬般風味起飛的超棒載具，充滿可能性，像我最近做出一款，嘗來就像夏天番茄滋味的白巧克力，那是和製作正統 bean-to-

bar 全然不同的滿足感。」趁著替台灣《大誌》專訪，順問茉莉亞對白巧克力的看法，她如此直白表示。我舉雙手雙腳同意，頂真究極白巧克力，足能掀起驚濤駭浪般的脣齒高潮，令人心蕩意馳，久久不能回神。也是這幾年崛起的 Deux Cranes，是新歡，亦是我眼中的佼佼者。受過法國糕點訓練的日裔巧克力工藝師美智子（Michiko Marron-Kibbey），極好地結合兩者之長，混融出獨樹一格的迷人滋味。愛極了她的抹茶系列，不管重磅茶道級純抹茶，或與柚子、焦糖芝麻和草莓攜手共舞，全數難以抗拒。

也許我一輩子也成不了巧克力鐵粉，但至少，對史努比創作者查爾斯・舒茲（Charles M. Shulz）名言：「你只需要愛，但偶爾來點巧克力有益無害。」（All you need is love. But a little chocolate doesn't hurt）終能由衷表示認同。

上｜Chocolate Covered 陳列架上的巧克力片，琳瑯繽紛。
左下｜綴上乾燥玫瑰花瓣的布朗尼，風華更盛。
右下｜Dandelion 巧克力夏日限定，日本空運的極品巧克力苦甜糕。

無麩質覆盆子起司蛋糕布朗尼

收錄於《裸食：好食好日好味道》的超人氣布朗尼食譜，原味固然好，偶爾也想換口味，鮮採夏日覆盆子，催生這款想要長相廝守的綺麗加長版。

〔材料〕

布朗尼

8 盎司 70% 苦甜巧克力，切成碎塊

6 大匙奶油

3 個大雞蛋

¾ 杯楓糖粒（或者二砂糖）

¼ 小匙細海鹽

1 小匙香草精

½ 杯又 1 大匙杏仁粉
（不在意麩質，可以中筋替換）

覆盆子奶油起司霜

10 ～ 15 克冷凍乾燥覆盆子（freeze dried raspberry），搗成細碎粉狀

8 盎司奶油起司（約 226 克），室溫軟化

1 個大蛋黃

適量冷凍覆盆子

〔做法〕

1 預熱烤箱至 180°C ／ 350°F。取一約八吋／二十公分方形烤盤，鋪上烘焙紙。

2 隔水加熱融化巧克力和奶油，稍放涼備用。

3 將所有覆盆子奶油起司霜材料置於一大碗中，攪拌均勻。

4 取另一攪拌盆，放入雞蛋、糖、鹽和香草精，攪打至質地綿密柔滑，約三分鐘。

5 將步驟 4 倒入步驟 2，充分混合。拌入杏仁粉。

6 將約 4/5 布朗尼麵糊倒入烤盤，再把覆盆子奶油起司霜一匙一匙隨機舀在布朗尼麵糊上，同樣以隨機方式倒上預留的布朗尼麵糊。

7 取一利刀，以刀尖盡可能畫出美美大理石花紋。

8 入烤箱前，隨意嵌入冷凍覆盆子。入爐烤三十五至四十分鐘。

9 布朗尼出爐稍放涼，送入冰箱冷藏至少二至三小時，保證愛不釋口。

職人帶路

手工巧克力甜品師美智子

Taste Maker

美智子（Michiko Marron-Kibbey）
手工巧克力糕點糖果品牌 Deux Cranes 主理人

Q1 請說說妳心目中在南灣理想的一天。

我和另一半去年才因為太想念舊金山，決定從南灣搬回城裡。不管住在哪裡，我的理想一天都始於健行，特別愛 Rancho San Antonio Nature Preserve 保護區、Windy Hill Loop 及市區住家附近的步道。接下來，肯定要來點美食，南灣最愛 Manresa Bread 的培根蛋或南舊金山 Little Lucca 的三明治，稍事休息，晚餐以生蠔、薯條和一杯冰涼白酒作收。

Q2 假設和在地旅遊公司攜手推出饕客吃喝玩樂一日行程，妳會如何規畫？

以 Maison Nico 既酥又滿滿奶香的季節可頌開始，並外帶法式鹹派和巴黎布丁塔（Flan Parisien）之後享用。在北灘（North Beach）閒適走逛，地標書店 City Lights Bookstore 略停留，接著到 Molinari's Deli 採

買最愛義式三明治，順便外帶義大利餃和搭配醬汁（手上備有即食熟食對我至關重要，攜一只冰桶出門是常態）。下一站渡輪大廈，附近公園完食三明治，走訪大廈裡的精選在地店家，再到中國城的 Good Mong Kok 採買小食，邊走邊吃，當然，外帶是一定要的。

Q3 當妳迫切需要放慢腳步充電時，喜歡去哪裡？

我很喜歡驅車北上馬林郡（Marin County），開過偉岸金門大橋，繞過塔馬佩斯山（Mt. Tamalpais）和紅木森林，在抵達托馬萊斯（Tomales）海灣前，會經過美麗牧場，如果夠幸運，可以坐在海灣旁，大啖最愛的 Hog Island 生蠔。這短短旅程總能提醒我，得以住在這個山明水秀的地方，是多麼值得感恩的事。

我先生曾是進口酒商，因此特別愛分享在地酒莊的出品，比如洛斯加圖（Los Gatos）的 Testarosa 及納帕 Robert Craig 酒莊的佳釀。前陣子，我和台灣專業舞者 Gama 創立的在地手工皂品牌 béo 合作快閃，極愛她的手工皂，已列入未來伴手禮清單。此外，也喜歡分享在地烘焙好食，近期新歡是 Destination Baking Company 的葡萄乾燕麥餅乾。

Q5 經常光顧的灣區咖啡店／烘焙坊及入手品項？

位於門羅公園（Menlo Park）的戶外咖啡店 Saint Frank，環境美，咖啡棒，大愛經典飲 Cafe Miele，而且正好位在我最喜愛的灣區獨立書店 Kepler's Books 對街，因此週末經常在那一帶出沒。市區海斯谷（Hayes Valley）的 The Mill，吐司超美味，氣氛也正點。

Q6 喜歡帶外地親友去哪些餐廳用餐？

米迅區（Mission）的 New Kirks，他家的發酵辣醬美味爆表，早餐三明治無懈可擊。特別日子就選海灣大橋對面的 Angler，一流窗景，氣氛溫暖，食物優。道地日本菜的話，米迅區的 Maruya Sushi，我在美國嘗過最棒的壽司來自於此，菜色有創意，擺盤也講究，許多盤皿還是老闆親製。另外，同在米迅區的 Rintaro，酒吧菜餚極道地，總讓我有回家的感覺。他們家套餐（prix-fixe）可以說是城裡 CP 值最高之一。

Q7 如果有一天搬離灣區，妳最念念不忘的會是……

我喜歡舊金山的獨特個性和多元，各個小區坐擁各自文化特色，也愛這裡有大片綠意，又臨近太平洋及海灣，天氣沒得挑剔和數不清的步道。

Chapter 2

設計生活
美

無所不在

晨光穿透 Heath Ceramics 小花瓶的蓍草花瓣，以抹茶拿鐵開啟美好的一天，
週間偷閒溜到法國老件專賣店淘寶，
春日芥花、初夏薰衣草、秋天大理花，一年四季都是賞花天，
隨時都能出發下榻太平洋岸建築地標 The Sea Ranch，週末於私宅拍賣間趕集，
在科技首善之地的海灣，撿拾喜歡的生活況味。

抹茶的高冷
只是傲嬌

後來的後來，於是恍然：戀愛與戀物的道理，貌似殊途，竟是同歸。

網路是個可怕的黑洞，失足跌下只能一路黑到底。話說某日，本只想搜個藥草，結果莫名其妙地瞄到拍案金句：「所有失戀都是在給真愛讓路。」手指彷彿有其不可逆的意志，堅定不疑地點了下去，全程姨母笑閱畢，鬼使神差，但也毫不意外地又順著文末，「你或許也會對以下幾篇文感興趣」之罪惡超連結，繼續拜讀暢飲幾帖失戀雞湯，又是金句連連：「找到下任，秒忘前任」、「沒有最完美，只有最適合」……儘管此番佳句箴言，宅婦我，雙手合十謝天謝地，用不上，但確實被妥貼娛樂一番，簡直欲罷不能，幸好殘存理智站出來力挽狂瀾，迅雷不及掩耳地手一按，闔上筆電。

「哎啊！來泡杯抹茶拿鐵吧！」轉移注意力乃當務之急，於我，沒有什麼比抹茶更能擔此重任。面對抹茶，我就像個無可救藥的賭徒，隨時隨地樂意微笑奉陪。數不清幾個年頭了，除非在旅路上，晨時雷打不動，總以一杯抹茶拿鐵開啟，那是一種如果不這麼做，就會陷入迷惘，無所適從之境的必要儀式。如果不是忌憚於咖啡因影響睡眠，午後黃昏暗夜，在我看來，都是喝抹茶的良辰吉時。我是個抹茶控，但萬萬稱不上基本教義派信徒。說來不怕笑話，多數時貪快偷懶，總是爐台熱上比例混

合的淨水與鮮奶油，倒入果汁機攪拌容器，隨喜舀入抹茶粉，
鍵一按，讓超馬力果汁機幫我搞定，忒沒情調我瞭，日本茶道
老師如若知曉，恐怕要白眼鄙夷並跳腳，但某些特定時候，我
還是願意乖乖地拿出濾匙、茶筅和茶碗，按著步驟，泡杯溫宜
香馨的抹茶，好整以暇坐下慢慢品味。比如迫切需要轉換思緒、
翻頁心情的時候。

家裡雖有常備款，可日前剛入手的一保堂春日限定 Nodoka，
正妥貼安置在冰箱門架，此刻和我拋著媚眼呢！家家酒似的迷
你紙提袋，嬌嫩粉紅底色打印著皎潔雅致的白茶花，貌似春櫻
又像桃蕊，讓人一見心喜，彷彿眨個眼，便可以眺見姍姍前來
的春天。我承認，當初不加思索便下單，八成是見色起意，去
秋同系列的月影限定，予我佳良第一印象，當然也是推波助瀾
的美好鋪墊。不假思索取出，剪開錫箔包裝，覷見那透亮細緻
的盈綠粉末，不由自主嘴角彎彎，湊近嗅聞，活蹦亂跳的草葉
香息，收尾餘韻是正字標記的淡甜，我這半調子抹茶迷點頭認
可。爐台小鍋熱著鮮奶（有時也用椰奶或其他植物奶）到約攝
氏七八十度之間，將兩克抹茶粉篩入茶碗，徐徐沖以少量鮮奶，
執茶筅飛快在茶湯上刷畫 M 字，直到細密泡泡紛至沓來，倒
入餘下溫奶，當然，篩些許抹茶粉作為最後點綴是一定要的，
你笑我太矯情，我說這叫儀式感。

午後陽光大搖大擺地從客廳大片落地窗帥氣踱入，烘得一室明
亮，手捧抹茶拿鐵落座在琴葉榕旁的躺椅，倚著亞麻靠墊，淺
啜一口，果然一如傳聞，是款足具底氣個性、能沖泡出平衡拿
鐵的抹茶粉，鮮奶的甜安撫茶的微澀苦，入口鮮香，瞇上眼，
浸漬在這稍縱即逝的幸福片刻裡，想必是茶粉裡的巨量左旋茶
氨酸（L-theanine）在發威。「遇到抹茶，真好！」一臉暈陶陶地
喃喃自語。以前信誓旦旦的最愛可是拿鐵咖啡呢！想到這兒，
噗哧笑出來，這可不是應了那句「所有失戀都是在給真愛讓路」

嗎？想當初，我也是一副沒拿鐵咖啡活不下去那般死心塌地，後來爲什麼分道揚鑣？不，絕不是拿鐵咖啡的錯，錯全在我，年歲漸長，愈來愈扛不住咖啡因一入口便在身體裡呼嘯奔馳，製造一波波如乘坐雲霄飛車，急升又遽降的提神效應，精神是奮發了沒錯，但心跳、呼吸也跟著飛也似狂奔，伴隨口乾舌燥副作用，時不時影響夜眠。咖啡又特別專制霸道，一日不飲，便給我偏頭痛的顏色瞧。總之，愛戀在這些日常看似沒什麼大不了的不適裡，漸漸消磨殆盡。要和多年摯愛決裂，說容易很容易，分分鐘的事，馬克・吐溫（Mark Twain）曰：「戒菸是世界上最容易的事，我很知道，因爲我戒過千百次了。」我戒咖啡次數雖望塵莫及馬克先生，但也足夠叫人沮喪。咖啡有見縫插針的好本事，不管歡喜、欣悅、感懷、失落、憂鬱，都忍不住想尋求其溫柔慰藉，於是，始終藕斷絲連。

「找到下任，秒忘前任」，一日茅塞頓開，我如是想。旋即兩袖一挽，積極展開地毯式大搜查，忽爾發現，咖啡替代飲料市場之浩大，令人瞠目，可惜，士氣大振不過半晌，便臉垮如喪家犬，幾乎清一色特調風味，各式草藥、果實、植莖、果乾、香料，如：瑪黛茶（Yerba Mate）、烤菊苣根（roasted chicory root）、烤蒲公英根（roasted dandelion root）、大麥（barley）、巧克力豆（cacao）、錫蘭肉桂（Ceylon Cinnamon）、咖啡果皮（cascara）、瑪卡（Maca）、天門冬（Shatavari），和神奇適應原（adaptogens），如：刺五加（Eleuthero）、南非醉茄（Ashwagandha）、聖蘿勒（Holy Basil）等，還有近年各形各款，紅到月球再紅回來的功能性菌菇（Functional Fungi），像猴頭菇（lion's mane）、冬蟲夏草（cordyceps）、白樺茸（chaga）之屬，企圖調配出提神醒腦利體順口免上癮，總之就是百益無一害的厲害飲品。暫且不說功效如何，光風味這關就過不了，吾母曾有一金句，至今仍深表贊同：「咖啡和燒酒雞是世上唯二，聞比吃更香美的食物。」合理懷疑，溫暖如情人懷抱的香氣，

是讓咖啡成為舉世萬人迷的不敗關鍵，是替代品無論如何難以拷貝的精髓。更別說，那些營養好棒棒的菌菇，和我素來不對盤。也或許，我打心裡排斥「調味」的概念吧！太人工，挺刻意，自始至終嚮往單一純粹，無需太多修飾的美好。

一切貌似回到原點，所幸並沒有，「人生沒有白走的路，每一步都算數。」李宗盛在自傳性影片裡這麼說。千真萬確，不愧是人生有歷練的男人。我在尋找咖啡替代飲品的路上撞見抹茶，其實，那並非我倆的初相遇，卻是再續前緣的完美契機。對抹茶，不能說一見鍾情，旅路咖啡館曾好奇一試，好感是有的，大抵因著與咖啡仍屬現在進行式，和抹茶就維持淡如水的君子之交。這會兒打著尋找下任旗幟四處獵豔，抹茶自然成為深具潛力的候選。既要深交，必需知根底，埋頭翻書查冊，網海巡禮，入眼盡是如潮佳評，先說高山般的顏值吧！上好抹茶那綠是吹彈可破的嫩，像春樹新芽，近乎透著瑩瑩光澤，草香氣息淡而雅，不張揚卻又絕對吸睛；滋養內涵，也和外在匹配無雙，說是睥睨茶界，也不算誇張。

同在綠茶圈，本該差異不大，但抹茶從種植、研磨到最後沖泡，步步精心講究，遂使其在方方面都勝出綠茶同儕們。說到底，抹茶就個銜著金湯匙出生的幸運兒，一路被捧著嬌養，採摘三週前便依時間表，循序漸進以遮陽棚簾好生伺候，這個步驟讓葉綠素（Chlorophyll）激增，兒茶素（Catechin）小降，茶氨酸高升，這些神奇生物機轉造就抹茶難以匹敵的營養履歷，也奠定其獨特風味基礎。接下來的收成工序，亦是毫不馬虎，手工採摘嫩葉，高溫蒸青，不揉捻，不發酵，烘乾去莖脈梗，保留細緻葉肉，是為精製碾茶（Shitatetencha），最後再以石臼碾磨成毫末細粉，如此這般精準操作，始得小量抹茶成品。飲用時必需中溫沖泡，避免破壞一路小心翼翼照護出來的，一身維生素、抗氧化成分等寶藏養分。有別於純飲茶湯的綠茶，

抹茶可是把全身血肉菁華都給一飲而盡呢！抹茶占有欲不高，不怕成癮，一日不喝無副作用，愈上等的抹茶，茶氨酸愈是頂天，它是值得好好認識的養分，本事可大了，能號令腦內令人心情愉悅的多巴胺（dopamine）釋放，能安撫血氣方剛的咖啡因，帶來細水長流式的好精神，讓人既放鬆又警醒。

抹茶簡直無懈可擊嘛！那倒也不至於，硬要挑剔，就是有些高冷，不是那種人喝人愛、花見花開的本性，甚至初見不歡亦不在少數，其實也許只是尚未遇見命定那一款，自從抹茶躍上國際舞台，數年蟬連最夯食品，新茶牌前仆後繼而出，個個指天畫地，號稱最優質是我，但事實卻是，一個不留心便遇上次級品，那誤會可就大了，最最冤枉的，莫過於喝了以一般綠茶磨粉，或香精調配而成濫竽充數的贋品，從此不待見正直無辜的抹茶本尊。我從不懷疑第一印象的威力，人與人相看時至關緊要，人與抹茶的初會，主宰著後續是緣淺亦或情深，慶幸當初入手第一瓶，是來自丸久小山園的茶道等級品。抹茶世界高低分際，堪比維多利亞時期貴族平民層層階級之差，旅路上我有太多欲哭無淚的經驗。總是抱著那莫名的「在某遺世獨立小鎮溫馨咖啡店，邂逅一杯隱藏版神級咖啡拿鐵」仙履奇緣般的企盼，在偏鄉僻壤，不死心地試過一杯又一杯，點單上「號稱」抹茶拿鐵的飲品。一日終於覺醒，那樣的浪漫遇見，是決計不會發生在抹茶拿鐵上，原因無他，抹茶的好，不似咖啡，沒有灰色地帶。矜貴抹茶，喝到的是人生靜好的幸福；次級抹茶，喝到的是世界末日的絕望。

答應我，如果真心想要認識抹茶，絕對不將就，抱著要喝就喝好的胸懷志氣，倒是也無需迷信名牌，味蕾的指引比什麼都管用，「沒有最完美，只有最適合」。一回兩次三番，終將微笑理解釋然，其實抹茶的高冷，原來只是傲嬌。

抹茶阿芙加朵

Affogato，義大利語，「淹沒」的意思，就是一球冰淇淋與熱濃縮咖啡的結合，完美詮釋極簡好味。在柏克萊的精緻抹茶店 Three Tea Bowl 嘗到抹茶版阿芙加朵（Matcha Affogato），大為傾心，拆解做法，和直球對決一樣簡單明瞭，挑個心水冰淇淋口味（純粹尤佳，以免喧賓奪主），兌上一份超濃抹茶，是不費吹灰之力的享受。

〔 **材料** 〕

1 球香草籽冰淇淋
1 ～ 2 小匙抹茶粉
45 毫升 80℃／ 175 ℉水

〔 **做法** 〕

1 抹茶粉過篩入茶碗，注水，以茶筅速刷
  至完全混融無粉粒。
2 挖一球冰淇淋，放入喜歡的容器，徐緩
  倒入濃口抹茶。坐下獨享。

怦然心動
雪媚娘

「想吃甜點，求人不如靠己」，一向是我堅定不移的信念，多年不曾如此著迷於外帶甜品了！到底有多迷戀？就「硬是要在本書大綱裡，無中生有，給她騰出一個版位」這種程度的迷戀。

若可能，真想讓你瞧瞧，咬下第一口日本甜點師傅彰子（Aki Ueno Simons）手工製作雪媚娘的表情，首先，是不怎麼白皙的臉龐倏地亮起來，接著，雙眼狂冒愛心，面上閃過萬花筒般五味雜陳的表情，驚豔、狂喜、不可置信，還有捶胸頓足的懊惱，萬般悔恨自己沒在第一時間發現麻糬工房（Mochi Koubou）時就果斷出手，致使生生錯過這迷人的小東西大半年。

之所以沒要沒緊，還不都是因為我對甜食的諸多莫名偏執。對從小沒少吃，人不親土親的麻糬糰子，抱持的態度，只能說不冷不熱，直到前幾年戒麩質，被強迫關了一扇窗，才慢慢懂得欣賞軟糯米點的好；再來，平素偏愛磅蛋糕的扎實篤厚，對蛋白霜、慕斯一類，甜得有些虛渺的甜點無感，像紐澳名點帕芙洛娃（Pavlova）、法式甜品裡的王牌──慕斯，甚或美國經典檸檬蛋白派，從不曾主動招惹，而彰子的慕斯麻糬就這麼巧，把這兩個元素兜在一塊兒，也實在不能怪我躊躇不前。

可就像喇叭褲搭上笨重鬆糕鞋，這歷久不衰的時尚潮流，乍看

真不入心，瞅著瞅著，日久竟也忍不住動搖。對彰子的雪媚娘，心裡雖然還是扛著大問號，但自從追蹤彰子的 IG，看她徐緩如蝸牛的貼文更新，從香草籽椰子慕斯佐鳳梨果泥、日本柚子慕斯佐柚子果泥、提拉米蘇與香蕉蘭姆、蒙布朗麻糬佐粟子奶油與糖漬栗子，再到馬斯卡朋起司與蘭姆佐榲桲泥，配圖、文字、內容一如彰子本人寡言省話，言簡意賅，列出品名，便下台一鞠躬，從不多著墨些什麼催情字眼，好勾引出讀文者更波濤洶湧的饞念，但對吃食腦補功力一流的我來說，儘夠了，直白描述半點不礙事，邊看圖文，腦子同步將其活色生香的神滋妙味，給凌空調理出來，忽然之間，坐立難安。不難想像，當下回麻糬快閃時間、地點一公告，即刻被排入使命必達行程表。

出來單打獨鬥之前，彰子在柏克萊的居酒屋 Ippuku 任職，從二廚開始歷練，直到成為點心師傅，後來轉戰到奧克蘭手工蕎麥麵姐妹店 Soba Ichi，仍舊主理甜點戰場，疫情居家隔離，讓她興起單飛念頭。「我發現灣區人挺喜歡日式麻糬，對創新口味接受度又高，加上曾在舊金山拜一位甜點主廚為師，學習正統扎實製作慕斯技法，佐以在故鄉吃過抹茶慕斯麻糬的回憶，想說不如就來試試慕斯麻糬吧！」彰子分享麻糬工房的誕生經過。慕斯大福（mousse daifuku）是她對自己創作的命名，從鼎鼎大名的日本傳統麻糬天后——草莓大福延伸而來，一聽說中文譯名叫雪媚娘，她直呼：「太美太浪漫了！」

彰子的快閃，就設在西奧克蘭的前東家 Soba Ichi 店門前，通常趁餐廳不營業的空檔玩票，前去那日，簡潔白框玻璃展示櫃裡整齊排放著渾圓白胖的粉糰子，一共就三個口味：烏龍慕斯、李子慕斯＋法式酸奶，及日本黑糖慕斯佐黃豆粉。各買一枚拎回家，感覺輕輕一碰就要破相的晶透薄皮，通身細皮嫩肉，一時之間叫人不知如何對待是好，想就這麼相看兩不厭，癡癡傻笑；更想一親芳澤，以脣齒領略其曼妙，但又有點狠不下心，

將之拆吃入腹，對，就是這麼掙扎又糾結的心情。深吸一口氣，小心翼翼切開淺嘗，第一個念頭就是：糟透了！嚴重誤判情勢，該至少買上半打才是。恰到好處的黏勁，內裡慕斯輕盈鬆發，估計天上的雲朵嘗起來也差不多就這口感。個頭大概是能捧在五指蜷起掌心的大小，和迷你沾不上邊，慢慢細品完畢卻毫無飽脹感，滿心眼只想再多來幾口，餘韻如漣漪，無限迴圈。

我在 IG 上貼文，毫不扭捏地和彰子大膽告白，也在私訊裡娓娓述說，對傳統麻糬和慕斯鮮少動情的我，一顆芳心完全被她的二合一明媚詮釋給擄獲，鍾情她偶爾本格傳統，偶爾洋氣鮮新的巧思妙配，時不時趁人不備，來個畫龍點睛的口感奇襲，像是個慣常端莊、有時淘氣的大家閨秀。「玩出新風味，的確是我最樂在其中的事，灣區美好在地季節食材，是主要靈感來源，但我倒是不拘泥，如果品質夠好，也能接受舶來食材。多數慕斯麻糬口味配對，是來自過去任職餐廳的實戰經驗，或曾經品嘗過，覺得驚豔的甜點記憶，比較不按牌理出牌的呈現，通常是想像與實驗的結晶。不過，新嘗試成功帶來了多少成就感，失敗時就有多沮喪，但這也是沒辦法的事，我還在學習摸索麻糬的脾性和愛好。」彰子娓娓分享和麻糬搏感情的心得。

在我看來，彰子的慕斯大福創作，個個引人無限遐思，嘗過近十個口味裡，若要我選出最愛，只能皺眉噘嘴，面露難色。問彰子，她竟一點沒被難倒，果斷就給了我兩個答案：「酒粕慕斯與香蕉，如果還可以再選一個，那肯定就是焙烤黃豆粉慕斯佐芝麻鮮奶油，這是非常經典的配對。」除了慕斯麻糬，彰子亦推敲著上架其他甜點的可能，又有點擔心稀釋掉麻糬工房的金字招牌。「我就想我若是客人，比起東賣一點西賣一件，會更傾向支持專賣店家吧！所以，我還得再想想。」彰子的顧慮不無道理，但對於一個被其慕斯麻糬迷得昏頭轉向的鐵粉如我，只要是她手作，除了丟盔棄甲，全面投降，別無他法。

清 單

一些個難忘的及想吃的灣區邪惡甜點

1.Kekisf by Chef Tim ／手作台灣鳳梨酥、巴斯克起司蛋糕

2.Maison Nico ／可頌（Croissant）

3.Third Culture ／抹茶甜甜圈、焦糖抹茶燕麥奶拿鐵

4.B. Patisserie ／布列塔尼奶油酥（Kouign Amann）

5.Bread Belly ／班蘭吐司（Pandan Toast）

6.Grand Opening ／法式蛋塔（Parisian Egg Tart）

7.Craftsman & Wolves ／玫瑰花園石頭小蛋糕（Rose Garden Stone）

8.Cinderella Bakery & Café ／俄國蜂蜜千層蛋糕（Medovik Cake）

9.Donut Savant ／細糖甜甜圈（Jane Dough）

10.Kogetsu-Do Mochi ／日式傳統麻糬

11.Sesame Tiny Bakery ／季節風味蛋糕

12.Yasukochi's Sweet Stop ／咖啡脆糖蛋糕（Coffee Crunch Cake）

13. Loquat ／猶太麵包捲（Babka）

14. Butter and Crumble ／甜鹹不拘之香酥千層麵包

右｜Sesame Tiny Bakery 曾經的快閃店頭，和甜點一樣可愛。

Blossom Bathing · Blossom Bathing ·
Blossom Bathing · Blossom Bathing ·

春天的桃花
接住了我

增本家族有機農場（Masumoto Family Farm）推出了桃花浴
（blossom bathing），且不說這兩個簡單字眼讓人如何浮想聯
翩了，疫情居家隔離日子經年過下來，眼下就算只是上農夫市
場買幾把菜，都覺得是令人期待的愜意放風啊！一期一會的桃
花浴，該有多珍貴？更何況招手的，是素來仰慕，鼎鼎大名的
增本家族有機農場。

我常想：如果農業界有奧斯卡，位於佛雷斯諾（Fresno）的增
本家族有機農場肯定是常勝軍，農舍起居室老式壁爐上的案
頭，怕要被大小獎盃給強勢攻占。即便是有機明星農場環伺的
加州，專攻核果子的增本家族，都是塊自帶光環的硬招牌，
在慣行農法農場大本營的中央谷地（Central Valley），更是
個異數。這全歸功於能文能武的當家父女檔大衛（David Mas
Masumoto）和 Nikiko，頂著和農業無半點關係的柏克萊高學
歷，接下老一輩傳承下來，種植祖傳品種果樹的傳統果園，硬
是走出一條與眾不同的路子。

增本家族從一抓一把的農場，變身業界一線巨星的轉捩點，該
是落在一九八七年，大盤以膚色不夠紅豔、上架期過短等令人
傻眼的理由，拒絕收購農場四千磅已裝箱的祖傳品種 Suncrest
蜜桃的那一刻。就算吃米不知米價的人，也不難想像，四千磅
果物打水漂，足夠主宰農場生死存亡了。心情悲憤的大衛，一

通電話預約好推土機，準備隔日連根鏟除這些結出美味卻乏人問津的老桃樹，爾後便一屁股坐在打字機前，劈里啪啦寫了篇文情並茂的〈桃子墓誌銘〉，情理兼備地訴說著，香甜中帶著戀愛微酸滋味的祖傳蜜桃，不敵消費市場對水果賣相偏好要求的無奈與失落，投稿之後，文章被《洛杉磯時報》登出，「拜託！別砍桃樹啊！」的讀者來函，雪片般飄抵農場，就這麼保住一片桃樹園，也讓大衛果斷轉型有機耕作，並開始與真心在乎食物原滋原味的廚師和饕人饗客搭上線，慢食教母愛莉絲·華特斯（Alice Waters）的帕尼絲之家在菜單上公開認證，大衛出版以「桃子墓誌銘」為書名的桃農思想文集，增本家族自此命運翻轉，不靠盤商也賣得熱火朝天。

少數精緻商店上架之外，增本家族農場也擅長以獨樹一格方式「直銷」果物給農場鐵粉或蜜桃控，比如：邀集親朋好友齊齊認養果樹，盛產時，結伴變身假日農夫採果去；二〇二〇年，因應疫情推出水果箱得來速（drive-thru），開放蜜桃控預購，於固定時間赴農場領取；桃花浴則是最新點子，聽起來著實香豔不已，其實靈感來源卻是再正經八百不過，借自一九八〇年代，日本林木廳提出的森林浴（shinrin-yoku）概念，把場景從鬱蓊森林，平行搬移至桃花綴滿枝頭的桃樹果園。在農場最盛美，但不至忙得人仰馬翻的春分時節，發邀帖予舊雨新知，緩行漫步其間，深吸悠吐，打開五感，專注當下，與園裡繁花、綠樹、泥地、沃土，共情共鳴，暫時丟包常日煩憂，甩落無謂雜想細思，偷得一個極其難得的浮生半日閒。「去年開放報名時，幾乎是秒殺，估計再一兩個禮拜就會確定細節，有意參與的話，請務必密切關注農場電子報。」Nikiko 收到我的詢問，這般殷殷提醒。我自是嚴陣以待，電腦前守株待兔，毫無懸念拿下入場券。

右｜令人摒息的盛放花海，三百六十度零死角的美。

僕僕疾馳數小時，開過連綿彷彿無止境的杏仁樹林，由筆直闊路拐入鄉間小道，呼嘯而過幾畦果園，施然抵達位在得瑞（Del Rey）的增本家族有機農場。車門一開，眼前景致讓人倒吸一口氣，之前三番兩次走岔路，生生遲到半小時的怨懟，瞬間煙消雲散。流金似的驕陽，爲萬物鍍上一層光暈，晴空加倍靛藍，綠地分外油亮，迤邐一氣的桃樹林，株株各具丰貌姿態，粗枝細椏綴滿朵朵桃花，嬌俏不可方物，織就出一片錦繡花海。老實說，我看過不計其數果樹結實纍纍的浩大壯觀，可滿園新綻桃花的瑰麗景致，還真的經驗貧乏。目瞪口呆之際，農場女主人瑪西（Marcy Masumoto）笑意盈盈走來，遞出一只長方形信封，說裡頭有活動需知及細節。我接下微笑謝過，思及預約專屬賞花時段，只剩一小時不到，隨手將信封塞進帆布袋，心急火撩奔向桃樹林，沒辦法，手指早已蠢蠢欲動，等不及想按快門，渾然不知錯過了什麼，吃緊弄破碗，說的就是我。

沒見過滿園桃花舞春風鄉巴佬的我，根本是以大嬸手刀衝刺限時大搶購的心情踏入果園，如今想來，實在非常失禮，下次改進。原以爲入園之後，就是放牛吃草，隨心所欲任我行，沒想到全不是那回事，農場貼心安排好動線，甚至一路上還埋伏著小驚喜。我手持剛入手新款手機，像個好色之徒到處獵豔，近拍特寫，橫攝全景，看這棵也美，瞧那株好靚，正反上下左右斜對角，喀嚓喀嚓照不停，嘖！根本零死角嘛！幸好是數位相機，否則哪能如此土豪猛拍。終於心滿意足，其實也怕隨伺一旁的老爺心生不耐，收起手機，端正心緒，循著指標前行，專注腳步的同時，腦裡紛飛思緒跟著緩慢墜落，鋪成一片白淨，世界像按下暫停鍵，剎那間，鳥語蜂聲蟬鳴突地充盈於耳，宛若大合奏，熱鬧非凡；點綴枝頭的玲瓏桃花，那豔色，彷彿更濃了幾個色階；午後漸次發威的烈陽，照得泥地淡煙蒸騰；微風輕輕吹拂，捲走大半熱氣，奉上恰到好處的爽涼；粉蝶翩翩然現身，花間撲騰飛舞。是了，這可不就是 Mindfulness？無

論中文怎麼譯，是正念、覺察或靜觀，說的都是專注於此時此刻，放飛雜念遐想，嗅聽視味觸五感自動放大，原被視為理所當然的一切，瞬間鮮明立體，那是彌足珍貴的「活在當下」真切實踐。

眼觀鼻，鼻觀心，徐徐前行，有時在轉角，有時於岔路口，會看到傳說中的手寫告示，「別忘細察花瓣開展的模樣」、「你注意到油桃花和蜜桃花的色差嗎？」、「想想花間穿梭授粉的蜜蜂，在農業生命鏈裡，扮演什麼樣的角色？」等，看似不經意的提問，在某棵樹姿崢嶸的桃樹下，發現一張塑膠躺椅，展臂歡迎坐下歇腳，感受由下往上的仰望視角，盛開桃花又是如何一番模樣？凡此種種，總能在彈指間，讓即將渙散遊走的思緒回籠，倒是呢！上述偽裝成無害直白的簡單問句，骨子裡根本是值得一再推敲的大哉問，我有預感，這些問號會在心頭盤桓好一陣子。走得正起勁，卻掃興發現，專屬賞花時段已在倒數，感覺意猶未盡，但也無可奈何，誰讓我們迷途遲到。為確保下組貴客的權益，只得趕緊原路折返。

一直到返家多日，意外在帆布包角落，揪出一只被擠壓得像梅干菜的信封，狐疑拆開，才恍然大悟錯過了什麼。裡頭裝著Nikiko為每位造訪者悉心準備的手繪地圖及「沐浴」指南，仔細說明箇中眉眉角角，教戰如何在短短一個半鐘頭盡興而返。覷著地圖，我懊惱沒能走完全程，更遺憾錯過終點站的巧心安排。在農場住家旁果園空曠處，矗立一具形似倫敦皮卡迪利圓環（Piccadilly Circus）的經典絳紅電話亭，那是增本太太瑪西從友人那兒接手過來的。自從在報導上讀了一則訴說著日本東北區，存在一種電話亭，專供二〇一一年在大地震及海嘯失去親人摯友的家屬，傳遞思念之用的故事後，她就盼著能在自家農場複製同樣經驗，初春進行桃花浴的當口，舉世深陷疫情泥淖，死亡人數早衝破百萬，再沒有比這更好的療癒時機。等在

賞花路徑最後一站，是一疊打印著嬌俏桃花的明信片，填上郵寄地址與當下心情，農場必定不負囑託付郵，讓回憶妥貼寄達。不枉我一向的高看與偏愛，明明是務農，卻又不只是務農，將同樣一件事，做出不同格局者，實在很難不叫我另眼相看。

「如果我們沒錯過電話亭，妳會想和誰說什麼？」老爺聽我絮絮說完桃花浴小旅行續篇，這麼問我。唉啊！我這麼ㄍㄧㄥ，哭點又奇低無比的人，約莫只會逞強揚起脣角，吶吶感謝爸爸、外公與外婆的照看，保證餘生會繼續努力過好過滿，語畢立即倉皇逃離現場，以免陷入在桃花果園裡嚎啕大哭的人生窘境。

左｜桃花谷入口處的擺置饒有深意，除了有語音導介，木箱裡掛著的小卡寫著到訪者想對祖先前人傳遞的思念。

不藏私

灣區的花花世界追起來

增本家族的桃花浴,有機會值得前往;若志在野遊賞花,不拘形式,
灣區選項不少,較之規畫縝密、照養呵護不馬虎的堂堂知名景點花園及植物園,
我更偏愛單一花種、數大就是美的獨立小花農或野花田,推薦幾個心頭好:

☞ 一月～三月:芥花

在我心中,芥花田等於酒鄉,對不好
杯中物的我來說,葡萄成熟不是拜訪
酒莊吉時,冬末春初,種來滋養土地
的芥花,連綿一片黃澄,尚在冬眠的
葡萄藤交錯排列而生,形成一種既朝
氣勃發又靜謐慵懶的混融情調,那才
是最適合我的到訪時段。納帕酒鄉 29
號公路或索諾瑪酒鄉 12 號公路,快
意馳騁,不怕看不到,只怕看到審美
疲勞。隔個海灣的半月灣,The Ritz-
Carlton 南邊不遠,亦有一大片屬於
Iacopi Farms 的芥花田,但屬私有產
業,需付小額入場費。

Chasing the Flowers

MUSTARD

☞ 五月中～六月：薰衣草

只要不拿普羅旺斯的天花板高標來比評，灣區也是有幾處小而美、一日旅行能搞定的薰衣草田可聞香，由知足常樂角度算盤一番撥打，挺划算。為數不算少的花田裡，我偏愛位塞瓦斯托波爾（Sebastopol）的 Monte-Bellaria，十英畝坡地，四方巨木與橄欖樹環繞，淡紫小花綻放的季節，襯上地中海藍天空，加碼名不虛傳加州陽光，美呆！連空氣都是甜的。嚴格來說不算灣區，頂頂北邊小鎮狄克遜（Dixon）的 Araceli Farms，氛圍也不錯，可順便到首府大城沙加緬度（Sacramento）一遊。聖塔羅莎（Santa Rosa）的 Matanzas Creek Winery，薰衣草田規模算小小巫，勝在環境清幽靜好，還能品酒，一次進行兩樁美事，合算。

🐚 八月～九月：大理花

除了巧克力，初始我其實也無法理解美國人對大理花的癡狂。這花實在過分嬌妍靚豔了呀！一向偏好像日本插畫家永山裕子，那既靈動又氤氳的水彩質地色調花卉，可一切在拜訪 Happy Dahlia Farm 之後改觀。無意間路經，好奇一探，便深深爲自己的見識淺薄感到羞赧，大理花花種多如繁星，花形千姿百樣，顏色更像打翻歐姬芙的調色盤，從綺麗到淡雅皆備，完全不是我自以爲的那麼一回事。我對 Cafe au Lait 一見鍾情，你瞧瞧！連名字都這麼惹人愛憐，自然捲翹的花瓣，層疊精緻，色彩柔和，仙氣飄飄，無怪乎成爲婚禮裝飾切花女王。農場距派特路馬（Petaluma）市區不遠，古董、選物店林立，不乏講究食材餐廳、烘焙坊和冰淇淋店，一直是我在地一日遊首選地，之一。

Chasing the Flowers

DAHLIA

如果老件癖
是一種慢性病

如果老件癖是一種慢性病，那我無疑已病入膏肓。

後院換臉整型工程如火如荼進行，露台藤架就定位，景觀設計師派瑞先生（Tyrone Perry）推薦在地紅木，穩妥強韌，禁得起時光季候考驗。他緊接著問：「在意木柱上有年輪圖騰註記嗎？」和老爺互覷一眼。「一點也不，事實上，不完美最是完美。」不假思索地回答。其實我比較在意嶄新木頭得風吹雨打多少時日，才會顯露出古色光澤？英文叫 patina，一個我一學就記牢牢的單字。

隔陣子，驅車前往柏克萊，在聖巴勃羅大道（San Pablo Ave）上有家叫飛驒道具（Hida Tools Inc.），專賣手作機絲的酷酷日本店，老爺想找一把有小鋸齒，長得像細鐮刀的園藝工具。行經一旁家飾家具店 Uchi，明敞空間擺置著各式戶外柚木桌椅，踅了一圈，指著一把在簇新家具裡顯得特別出眾的躺椅，兩眼放光詢問老闆 Yo，她雖一臉困惑，但仍不失懇切地回覆我：「那椅子有十年歷史了唷！純展示用。」

在滿屋子各款各樣、新燦多姿的擺飾桌櫃凳椅裡，我竟看上一非賣老件，而且若店家願割愛，我還真會買單，如果這不是病入膏肓，那什麼才是病入膏肓？

這會兒我說，東灣新居家具擺設比例，新舊夾雜，勉強各半，舊件裡，除家裡固有汰選存留的沙發桌櫃數樣，其餘全是週末上私宅拍賣（estate sale）南征北討搜刮搶購來的，你大概也不覺奇怪了。畢竟，這才符合老件癖病入膏肓的人設，是吧？老件有啥好？彷彿可以想像你皺著眉滿臉寫著問號，要不雜駁掉漆，要不刮痕印漬斑斑。不不不，那正正是其美好之處啊！新家廚房靠窗一隅，擺了一桌兩椅一長凳，是便餐所在。餐桌前世本尊原為書桌，私宅拍賣上瞅見，飛奔上前丈量，尺寸完美，樣式質樸合意，原木桌身牢實堅固，果斷付款抬回家。閒來無事胡思揣想，這桌原本可是坐擁群書，與文墨為伴，聆賞老唱盤古典樂，優雅文氣，過著不知人間煙火的日子，這會兒，突然莫名其妙轉世重生，被霸道地置在柴米油鹽醬醋茶間，耳邊不時抽油煙機轟隆作響，照三餐被油星子菜屑殘渣噴得滿臉面，不知心中是否滿腹委屈？我在心裡默默致歉，感謝其稱職成為吾家餐桌擔當，或許也是內心對於虧待的歉疚吧！總愛插束花擺桌上，偶爾換上亞麻桌布，這可是書桌不會有的尊榮對待呢！我愛我的二手偽餐桌，獨一無二的身世，舉世無雙的樣貌，一輩子不會與人「撞桌」。

倒帶人生細想，這老件癖病根到底是何時落下？大概是某個剛從東岸移居半島聖馬刁（San Mateo）的週末午後，空氣裡瀰漫著夏天青青草息，日光迤邐，臨時起意闖進門口置著私宅拍賣招牌，擁有前庭深院大宅第那一刻開始的。忘不了那像迷宮般大戶人家，細緻浮印壁紙、波斯花案厚地毯、煙燻斑斑古式壁爐、閃耀生姿的水晶吊燈，和一扇扇對外看之不盡的如畫窗景。那日入手一只野餐編籃、有著藤編底座咖啡杯組、復古玻璃花瓶和幾只繡花帕子，還有至今依然懸念的那組價格漂亮，卻因家裡無處放置而碎心放棄的威基伍德（Wedgwood）百件白磁

右｜週末私宅拍賣總是能遇見驚喜，就算不買，也能長見識。

杯盤組。那一回，見識到舊物堆裡挖掘珍寶，如黑洞般深不可測的魅力，要我說，真不只是貪點小便宜如此小鼻小眼的膚淺，從尋覓、撿挑到收納的過程，儼然走進時光隧道，識得別樣生活況味，情感在靜默間交互流淌，攜回仍具風華的老好事物，拯救其免於被無情棄置垃圾掩埋場的命運，內心滋長出一點愛地球的自我感覺良好。

如果你以為，之所以對老件死心塌地，只是滿腔浪漫情懷作祟，對復古氛圍的無名耽溺，可就大錯特錯。或許在某些行事作為，近似無可救藥的理想主義，但本質上，我仍是個如假包換的實用至上分子。戴著情人眼裡出西施的濾鏡，笑咪咪端詳舊物事，在所難免，但要不管不顧的沉淪，光靠感情用事行不通。來說說現實面，老東西等於省錢二字，雖不曾錙銖計較的算過，整飭新入手的四房兩衛兩廳屋宅，靠私宅拍賣挑來的榮光戰利品，原本置辦預算只動冰山一角，每每想起還是不免小小自喜自豪。再更現實一點，二手家具甚少殘留人人當避之唯恐不及的揮發性有機化合物（VOCs，volatile organic compounds），此類化合物擅潛伏家具料材上，之後隨時間慢慢釋放，堪稱室內空汙霸主，具有致癌的高深本事，鎮日沉浸其間，可不是鬧著玩兒的事，上年紀的物件，少了這層顧慮。挖寶資歷愈深，愈能感受到，就算只是稀鬆平常的小廚具，上上上一代的出品，不管相貌、質地、功能，硬是遠勝出現下新貨，偶爾看著入手老件，心底不禁泛起淡淡感懷，值此速來速去的時代，明著替日新月益的科技喝彩，暗裡為逝去的對細節百般推敲、多所講究的曾經而神傷。結論是：買到老當益壯又順眼大心的舊物，是幸運，是福氣。

為老件神魂顛倒最意外的領悟，是住進新舊混融的東灣自宅後的事。從交屋到入住，約有半年時間可做基礎修整，該做的一件沒漏下，家具什物擺置妥當，以為逃不掉一段「把樣品屋住

出煙火氣」的磨合適應期，沒想到全然不是這麼回事，從正式入住起始，就有種這裡彷彿早已是家的感覺，像衣櫥裡那件愈洗滌愈透軟的亞麻罩衫，套上是默契十足的服貼，舉手投足無不自在適意。不管遠行或僅只出門辦事採買，每每腳一跨過門檻，便不由自主想著：「回家真好！」如此這般蜜裡調油的心情，入住近四年來，只增不減。初始以為是一種租客熬成婆，總算晉升有屋之主的護短驕傲使然，但某週末照例斜倚客廳落地窗前長躺椅，泡在軟暖春陽，陶醉於人生真美好的飄飄然裡，一臉姨母笑地環視客廳擺設，突生醍醐灌頂的啟發：「新居之所以打從入住，就煥發出一種讓人想賴著不走的氣息，全因新舊、貴廉物件交錯配搭所致。」聽起來玄乎嗎？容我拾人牙慧，借用香港《費加洛雜誌》人物專訪，引用香奈兒老佛爺第一任大繆思伊內絲‧法桑琪（Ines De La Fressange）被問及法國女人不過時的穿搭哲學時的回覆：「我通常不會在一個地方買超過兩件服飾，因為你必須要混搭，把貴的跟便宜的混在一起，如果你只去蒙田大道或聖多諾黑區街（Rue du Faaubourg Saint-Honoré）買東西的話，其實有點可悲。」風格搭配與品味，不管時尚或居家，道理大抵相通。簇新成套的名品，耀眼是耀眼，但遠不及適時穿插個老件或無名物事，多些溫度和耐人尋味的底蘊。

生活裡無傷大雅的小冒險，我是這麼看，在舊物堆裡挖寶這件事，每次出擊都是未知，付出的代價多半微乎其微，但特別走運時，回報可比山高比海深。通篇高談闊論老件癖，若不顯擺一下挺胸撥髮的光榮戰績，也未免太矯情。至今想來依然嘴角上揚的，是一次某好野人鄉紳遺孀，打算從灣區獨門大戶遷回紐約曼哈頓公寓，精簡過活（富人的精簡過活，顯然和凡人定義不同），設計家具全數競標出售，我趕上唯一一攤衣飾雜物小型拍賣會，嘖嘖！展示架清一色拔尖時尚大牌正貨，可惜閃亮晚宴華服居多，加上和我尺寸迥異，無福消受。那日我亦到

得晚，殘衣剩鞋寥寥，倒還有些許家用品，瑟縮內室待價而沽，火眼金睛瞥見丹麥哥本哈根出品半花邊白磁咖啡杯盤組（white fluted white lace），數數共八對，一問價錢，內心傻眼狂喜，面上不動聲色，噹噹噹！總共八塊美金，洋洋得意好一陣子；另外還有十五塊大洋的 Ferragamo 九成新芭蕾鞋，十塊大洋的 Prada 幾乎全新無袖衫等戰績。這種做夢也會笑的運道，只可遇，不可求。倒是養在深閨的精緻杯盤，三不五時想增進生活儀式感時，拿出來曬曬太陽；但若要較真，廚房裡通常一元起跳、五元有找而入手的咖啡磨豆機（已重生為磨香料專用機）、木柄金屬篩、大肚腩量杯、斷筋小肉錘、木匙、網篩、大湯勺、起司刨刀、馬鈴薯搗泥器、量匙、香草彎刀等等道具機絲，個個像小天使來著，照亮我的日日走廚時光，賜予我無窮便利，投資報酬率較之名牌物事，一點也不遜色啊！

左｜戶外跳蚤市場是另一種尋寶場景，藍天陽光微風，別有一番出遊的意趣。

不藏私

老件尋寶趣

鋪陳落落長一篇，
不說說幾個挖老件的寶藏窟，恐怕大家要砸書洩憤了。

☞ 尋寶指數最高之私宅拍賣會

挖二手寶這常民生活趣味，雖深入全美大城小鎮，實則有檔次之分與地域之別，並非處處都有滋養二手拍賣市場的沃土，舊金山灣區以嬉皮文化起家，回收環保非時髦概念，乃生活實踐，加上多元移民、高水平人文層次，合併高科技帶來的金脈，人才與錢財匯聚，造就出一個有寶可挖的絕佳環境。

我最熱中走跳的是全宅開放挑揀的清倉拍賣，可不是出清小廢物的車庫拍賣（garage sale）唷！兩者區別簡單打個比方，若車庫拍賣是一塊隔夜司康餅，私宅拍賣便是剛出爐的噴香九吋肉桂蘋果派，前者挖到寶的機率，比彗星撞地球還低。過往私宅拍賣，多半是屋主過逝，清理門戶時所舉辦的舉家出清變賣，演變至今，不論原因，

只要是大規模細軟家具拋售，皆可納入範疇，一般會委由專業私宅拍賣公司代辦，自有一套估價本領，故難出現跌破眼鏡的價格，可挖到寶藏的機率卻依然完勝車庫拍賣。對於我這個莫名對居屋住房有濃厚興趣的「宅宅迷」，還有個附加價值：藉挖寶走訪在地諸小區，進行另類田野調查。畢竟，若非私宅拍賣，庭院深深名門豪宅的風範光華，哪是凡夫俗女如我輩能輕易窺見？更別說，時不時在現場豎起耳朵總能捕捉屋主生平軼事小八卦，瞬間，拿在手裡的寶物，好似更可愛了幾分。幾個印象特別深刻、有意思的私宅拍賣會，一是終生未婚的民航飛行女機師，滿屋華服與來自世界各地收藏，據鄰居表示：女機師並不善社交，卻擁有能氣派宴客的廚藝，和成套酒杯餐盤，拍賣會上甚至還有

左｜貨倉裡的法式老件，像走入時光隧道。

私房熬煮果醬待售呢！還去過一古董店老闆的家，不誇張，一棟外型儼然格林童話故事的木屋，整屋子裡裡外外，上至閣樓，下至後院，塞滿老件、舊物、古董，猶記當時裡裡外外巡了又巡，這物那物拿起又放下，內心為不知從何下手而焦慮，至今記憶猶深；還有喜好旅行的企業夫妻檔，匿藏山林私宅裡，擺設到收納，件件奇特不俗，有MCM（請參閱第133頁）設計，也不乏大牌精品，間或穿插搶眼民俗工藝物件，看似駁雜，卻又無比和諧。「真有趣的屋主，好想認識他們啊！」記得走逛時，嘴裡不斷這般念念有詞；還有位編織藝術家，整櫃滿匣的布匹、針線、緞帶和鈕釦，屋子飄散濃厚手作氣，毫無名牌進駐，卻有溫柔舒心的氛圍，最令人嫉妒的是，竟還有座植樹花草恣意叢生的後花園。

要我說，逛百貨賣場哪有逛民宅翻揀舊物好玩？

逛私宅拍賣會不僅零門檻，而且免門票，更是佛心，鎖定目標就能叩關，只要上美國私宅拍賣協會（Estate Sale Organization）官網，以城市（或郵遞區號）搜尋，便能一目了然。週五、六、日乃黃金時段，逢年過節暫時喊停之外，查詢城市方圓，週週幾乎最起碼有數十個拍賣同時開跑，時間寶貴且分身乏術，所幸，從分享拍賣實景照，多數能無懸念淘汰，刪去法之後，再排尋寶路線，裝潢新家那陣子特別積極，時不時有一週末跑三四個行程的盛況發生呢！所有拍賣物件皆獨一無二，目光手腳都得快狠準，曾經眼睜睜看著寶物，被同好一個箭步捷足先登，臉整個垮下來，說有多扼腕就有多扼腕！只能不斷自我開解：哎啊！一切都是最好的安排，得之我幸，不得我命，下個寶會更好。平常心看待，才不致把心情搞得烏煙瘴氣，尋寶必需是開心的，否則毫無意義。一般來說，拍賣會首日品項最齊全，故不二價；次日通常下七折，末日衝刺出清，下殺五折，也稍有議價空間。

走踏經驗多了，對專業私宅拍賣代辦公司的行事作風也加減看出點門道，半島一帶，特別欣賞經驗老道、口碑

右｜
文藝紙品的主題式私宅拍賣，
逛來令人大開眼界。

佳良的雪莉‧蓋文（Sheri Gavin），接手案子都有水平，在我看來，她儼然灣區私宅拍賣界的近藤麻理惠，不管原宅如何雜亂脫序，開門迎賓時，絕對打理得井井有條，逛來就是舒心，雪莉的代辦公司（Estate Sale Management）真是業界鳳毛麟角，狼藉如發生搶案的拍賣現場，進門就想轉身逃之夭夭的經驗，我遇的不少。可以想見，雪莉主持的拍賣會不缺人潮，現金之外，還需備妥無限耐心。現居於東灣，只要是吉納娃‧艾迪生（Geneva Addison）主持的拍賣會，

總是排除萬難前往。和一般代辦行號迥異，憑著多年浮沉古董舊物界，累積豐沛口碑資源，以及無底洞般的專業知識，她擅長將從眾多私宅拍賣搜羅來的珍奇異件綜合整理，定期舉辦主題式拍賣會，畢竟經過挑選把關，不會出現礙眼之物，就算不買，也是長見識之良機，價錢自然比一般私宅拍賣稍高，但較之市面古物店，還是十分親和的，拍賣結束當天有幸撈到半價寶，那絕對是賺到了。

☞ 法國老件專攻之 Elsie Green

灣區（甚至美國）飲食作家或攝影師，視 Elsie Green 為挖掘拍照道具寶窟，而我也不例外，陷入倦怠瓶頸時走一趟，荷包不必失血，還是能有精神上的斬獲。此店乃是曾任職美國居家品牌高層的夫妻檔創業之作，專引進法國鄉間跳蚤市集搜刮，遠渡重洋運回的老件，挑貨眼光犀利，總把持一個平穩精準的自然質地風格，店裡多數是流傳幾代的舊物，價格不幸在疫情後向上飆了不止一個檔次，幸好，位在康可（Concord）的總店，一年會有幾回出清特賣，是造訪良辰。另外，店裡最隱密的後方，也有一小塊折扣品專賣區，平時有機會上門，不妨巡視一番。

加碼行程 ～～～～～～

寮國街食小吃店 Spicy Joi's Banh Mi，是我在康可一帶的餐膳選擇；以麻糬馬芬在柏克萊起家的 Third Culture Bakery，位核桃溪（Walnut Creek）的分店，是理想餐後甜點，私以為麻糬甜甜圈更優。專攻耐旱植物的茹絲班克福花圃園藝店（The Ruth Bancroft Garden & Nursery），和由十餘個迷你花園組成的海瑟農場花園（The Gardens at Heather Farm），值得順道一遊。

右｜Elsie Green 是拍照陷入瓶頸時的救命繆思。

ELSIE
GREEN

☞ 包羅萬象之大陣仗跳蚤市集

定時聚集擺攤的二手物市場，舊金山灣區大大小小加總不在少數，首屈一指要屬位於東灣亞拉米達（Alameda）的專業級跳蚤市集── Alameda Point Antiques Faire。堪稱北加州陣容最浩大（約有八百個攤位），每月第一個週日上檔，依傍湛藍海灣，天青雲白的日子，足以遠眺舊金山市區天際線，大概找不到比這更夢幻的尋寶場景了，攤位少有濫竽充數之員，販售物件全得有二十年以上歷史，品項是五花八門，從珠寶、收藏品、古董、書畫、陶磁器、杯盤廚具、家具、童玩和一些林林總總小物事等。原則上，愈靠大門的攤位，貨價愈昂，想挖寶請直走到底，備妥現金，多數攤位謝絕信用卡，付現也更有議價空間。需門票入場，算是市集管理良善、把關嚴格的代價。和農夫市場一樣，接近收攤時刻最適討價還價。

北灣聖洛斐爾（San Rafael）一月一會的法式風格跳蚤市場（The French Market Marin），看到「法國」關鍵字，先別急著興奮，這說穿了，就是個中小型（約一兩百個攤位）的普普跳蚤市場，命名上和法國沾點邊，純為賣點噱頭。在此記上一筆，全看在其頗為黃金的落點上。左擁加州前三大農夫市集：馬林市場（Sunday Marin Farmers' Market），右抱萊特大師設計的馬林郡市政中心（Marin County Civic Center）（請參閱第 143 頁），不建議衝著跳蚤市場而去，但上述景點搭配服用，倒是能成就一日美好小旅行。

加碼行程 ﹏﹏﹏﹏﹏

小而精緻的社區型商場 Marin Country Mart，店家品牌餐廳都算一時之選，波多黎各餐廳 Sol Food 價格平實，口味亦佳。

右│發現對味攤商，總是讓人心兒怦怦跳。

illustration

MCM，
到底是什麼碗糕？

先說好，我不是什麼設計控。有的充其量僅是骨子裡，對美直覺式、極度任性、主觀且偏頗的認定。對我來說，物件只有鍾不鍾意、順不順眼，千萬別進一步問我爲什麼。才疏學淺，實在提不出什麼擲地有聲、鏗鏘給力的論述。在雜誌界衝鋒陷陣的久遠時代，會習慣性關注設計品牌，那是一種類似於，不管走到哪兒，就強迫症似地開始校對文字的職業病。爾後退出職場，移居美國，症狀緩解，不再緊迫盯「牌」，而會上心的，大抵就是合了眼緣，對了脾胃，沒什麼了不起的道理可言。

伊姆斯（Charles & Ray Eames）經典躺椅和腳凳（Eames Lounge Chair and Ottman）、喬治·尼爾森（George Nelson）的向日葵掛鐘（Sunflower Clock）和雅致泡泡燈（Saucer Bubble Pendant）、漢斯·韋格納（Hans Wegner）的大器許願骨椅（Wishbone Chair）、野口勇（Isamu Noguchi）的同名咖啡桌（Noguchi Table）和禪意紙燈具（Akari Ceiling Lamps）、芬·尤爾（Finn Juhl）既莊重又妍麗的核桃木彩色邊櫃（Sideboard）、威納·潘頓（Verner Panton）的性感潘頓椅（Panton Chair）等等等，皆是一向心儀神往的靚物逸品，欣賞歸欣賞，除開小件燈具擺飾勉強能高攀，大件家具還真不敢存有褻玩之心，畢竟名家手筆，原版不說，授權復刻品的身價，也是亮晃晃的叫人不忍直視。倒是和時尚一樣，市場亦充斥滿坑谷山寨版，可惜，大多形似神不足，外表差強人意，內裡不堪一試。如何知道？自是少不經事時，曾傻傻

被坑了一回，購進六張伊姆斯夫妻檔較爲接地氣的塑料椅系列（Shell Chair Collection）的 DSW 邊椅，此系列最讓人津津樂道的，就在於椅殼加上腳座，能像變戲法般，配出多到讓人產生嚴重選擇障礙的各式排列組合樣態。我倒是沒怎麼掙扎，白與原木配一直是我的金鐘罩門，逕毫無懸念入手，到貨之後，再次秒懂「一分錢一分貨」不容挑戰的硬道理，想用洋菇的價錢買松露，兩個字：沒門。六張餐椅環繞長方餐桌，遠瞧著挺唬人，近身體驗開始無預警掉漆，沒啥魔鬼細節可言，一兩年後螺絲鬆脫、椅殼龜裂、落坐時發出惱人吱咯響，椅子長得再丰神俊朗，坐得心驚膽顫也是枉然。哎啊！就權當是繳學費，學個教訓，還有下回，咬牙入手正當授權復刻才是良策。

一次踢鐵板，並未抹殺掉我對這些設計細水長流的喜歡，卻是後知後覺，到某日在專攻美加西岸生活休閒的《日落雜誌》（*Sunset Magazine*），紙上導覽灣區半島一艾克勒屋（Eichler Homes）。盯著頁面，雙眼圓睜，翻來看去，都要懷疑屋主莫非偷瞧了我的夢想清單，怎麼一屋子大大小小欽點了沒十件也有七八件愛物。細讀內容，輔以網海一陣麻利爬文，原來，竟是我太孤陋寡聞，偏好的設計物件雖各有來頭，但基本上一系同門，資深設計＆旅遊記者卡拉‧葛林柏格（Cara Greenberg）在一九八三年出版的專書，全面清點五〇年代上下（一九三三～一九六五）家具、裝潢、建築及工業設計的究竟與發展，管它叫「世紀中期現代主義」（Mid-Century Modern，以下簡稱 MCM）。不消說，此書將世紀中期設計，推向另一人氣高峰。

追本溯源，這一脈設計乃承自德國包浩斯（Bauhaus）建築藝術學校，這所短命（十四年）的學校，卻爲世界美學設計帶來天翻地覆的變革。「少即是多」（Less is more）、「形隨機能」（Form follows function）乃最耳熟能詳的核心標語，展臂

擁抱先進技術以量產，大量運用鋼筋、玻璃、混凝土、皮革和塑膠等新異料材，這股風潮先是橫掃北歐，二次大戰後，又隨著一大票包浩斯設計建築師信徒們投奔美國，繼續開疆拓土。戰後歐洲百廢待興，反之美國經濟開始勃發、科技大幅躍進、城市忙不迭擴張，加上人心渴新思變等種種因素，簡直是滋養 MCM 的沃土溫床。工業設計各種實驗如火如荼展開，材質不斷推陳出新，玻璃纖維、鋼鐵、黃銅金屬、塑料膠合板，建築設計師們「玩」得不亦樂乎，可以說，那是個「凡事皆有可能，自我想像力是唯一限制」的年代。天時地利人和，成就 MCM 耀眼輝煌的黃金時期。

數十年後的今日，MCM 依然風頭挺健，不是沒有道理。機能至上卻又有型有款，白話說，就是有面子有裡子。簡俐不拖泥帶水的造型，沒啥花俏多餘贅飾，不規則線條與幾何圖案掛帥，這些帶著濃厚包浩斯風格的設計主軸，使其在時間長流淘洗下仍屹立不搖。整體來說，搭配性強，不易過氣，但在泱泱大度的風範裡，又透過繽紛色彩的匠心運用，靈活配搭獵奇不意的素材，造就出既洗練又質樸、華麗且低調、優雅兼俏皮、冷凝也溫暖的各種衝突碰撞，入目卻又無以名狀的和諧。要我說呢！MCM 之所以叫人著迷，該歸功於在一本正經功能至上的主旨下，硬是散發著耐人咀嚼的性格意趣，是不無聊的經典。至可惜是，當初奔著量產而去，希望多數人能負擔，讓功能外型得兼的物件深入民間日常，不再為金字塔頂端所獨享的美好立意，時光遞嬗下，這些名家手筆如今紛紛晉身神級典藏品，最終還是口袋得夠深才有入手的機會。這般轉變，不難理解，畢竟，平價與經典，原就是絕難交集的兩條平行線，遺憾，卻是在所難免。

居家設計上，MCM 一片大好，遍地生花，此番榮景同樣反映在建築空間，美國傳奇建築師萊特（Frank Lloyd Wright）堪稱

領頭人物，主張建物必需與環境相生共融的有機建築（organic architecture）理念，成了 MCM 建築主心骨。加州乃大本營，北加灣區的指標性，雖遠比不上南加棕櫚泉（Palm Springs），但仍有不容小覷的勢力，上萬棟遍布灣區的艾克勒屋，功不可沒。二次大戰後啟建的艾克勒屋，自有其歷史。話說從賣熟食進軍房地產開發的喬瑟夫·艾克勒（Joseph Eichler），因緣際會租賃萊特大師在矽谷富豪區希爾斯伯勒（Hillsborough）操刀的小格局兩房 Bazett House，艾克勒入住後愛之甚深，對生活方式激發出另一番感悟，他滿腔熱血，希望有更多人能體受同樣啟發，決定脫下圍裙，不賣義大利臘腸，改賣房子。找來萊特建築理念信徒設計，推出平價版屋宅售予常民大眾。大量使用天然料材，及對光線的絕妙操縱，是艾克勒從萊特身上偷師的兩大重點，理所當然反應在艾克勒建築上。我家蒙幸運之神眷顧，和人善心美的房東夫婦 Jeff 和 Sandy 一見投緣，租屋生涯倒數八年，得以住在 MCM 代表性住宅，親炙其魅力，也算一圓粉絲夢。

艾克勒屋宅從外觀看來，多數展現一種平鋪直敘的氣質，要不平頂，要不或大或小的尖頂，和裝飾細節繁複的傳統建築相較，顯得平淡無奇。一進門，迎來的是明淨開闊的眼球驚喜，譬如一個儼然像透光溫室的中庭，要不也是被大片玻璃牆和天窗所環繞，開放無邊的室內空間，與綠意盎然、陽光滿溢的庭園巧妙連成一氣，予人宿住戶外的美好錯覺，簡直像是把四季宜人的加州氣候特點裱框處理，實在高明。艾克勒屋有不少在當時算是相對罕見且前衛的設計，如裸露木質鑲板和木梁柱、人字形挑高天花板、地下輻射暖氣等等，身為一曾經的住民，最欣賞的是，總將占比不小的廚房，霸氣置在空間的心臟位置，傍隨無隔間設計，起居室與餐廳相偎傍，像為社交與家庭聚會量

右｜平頂及大片落地玻璃窗是艾克勒屋的正字標記。

身訂做的空間，對話交流自然無阻，肩負烹調重任的煮夫煮婦，不至被困在閉鎖空間裡無人聞問，平時自家相處，隨時可隔空喊話交流，是罕見能增溫情感的空間，著實難能可貴。

另一個艾克勒房令我激賞之處在於，把戶外引進室內的做法，不知你發覺沒，就算只是隨意栽植的花樹草木，總是能輕而易舉勝出各種人工在建築上的粉雕細琢，立志蓋類萊特風格平價屋宅的艾克勒，預算緊繃，根本毫無餘裕幫房子鑲金戴銀，引進隨四季流轉變化的藍天綠樹麗花，再鍍上一層免費的加州陽光光暈，成功將外貌樸簡如修士的艾克勒屋，妝點出耐人尋味的內蘊氣質。這是住來雖不完美的艾克勒屋，魅力得以長存、與時俱進且不斷圈粉的關鍵吧！我想。

會不會想要擁有自己的艾克勒屋？答案自是肯定的，光想像能名正言順買下幾件夢想單品，玩場布置遊戲，就覺心癢難耐，最門當戶對的 MCM 配對，莫過於此。只可惜，一如名家出品正版家具，推出時，瞄準中產階級，不分種族、膚色、宗教信仰，意者皆能出手的房子，如今，歷史保存價值加上限量光環，身價同樣早已飆漲到一般薪水族難以企及的門檻。此夢恐難圓，但，活到知天命的年紀，never say never，誰知道？也許哪天宇宙便許了我這個夢幻大訂單也說不定呢！

左｜艾克勒屋和 MCM 設計簡直是天作之合，但一不小心也很容易掉入樣品屋的陷阱就是。

不藏私

人人玩得起的灣區 MCM

👀 一見鍾情的 Heath Ceramics

Heath Ceramics 是我美東西進後，第一個認識的品牌，妥妥初戀，喜愛至今不減。一九四八年由陶藝家艾迪絲和布萊恩・希斯（Edith & Brian Heath）夫妻檔於北灣蘇沙利多（Sausalito）創立，堪稱在地 MCM 陶器品牌第一把交椅，簡樸低調，品質一流，辨識度強，易混搭是特色。二〇〇三年，擁有設計背景的夫妻檔凱西・貝利（Cathy Bailey）和羅賓・佩特拉維奇（Robin Petravic）接手，踩著艾迪絲和布萊恩打下的基業，領著原來專注餐具和建築磁磚的 Heath，朝著工藝生活美學全方位品牌奔去。可喜的是，擴張版圖的同時，仍堅守初衷，不斷有耳目一新的作為，卻猶仍牢牢固守品牌精神。

舊金山米迅區旗艦店，是我三不五時會造訪的點，挑高空間精心陳列品牌系列商品，及嚴選風格契合的工藝物事，旁邊還配有一麻雀雖小，五臟俱全的設計書報攤，經常可挖到來自世界各地的設計精選驚喜，來此地走逛本身就是一種享受與學習，每朝聖畢，總覺得面目瞬間可喜起來。相較於米迅區旗艦店，蘇沙利多總部規模小，但 MCM 味更濃烈，兩處皆定期有工作室導覽，不定期舉辦特賣、工藝市集，可配合時機前往。

米迅區加碼行程

舊金山龍頭烘焙店 Tartine Bakery 的旗艦餐廳 Tartine Manufactory、空間超棒的獨立咖啡店 Sightglass Coffee、手工披薩與義大利麵第一把交椅 Flour+Water、舊金山人最鍾愛的野餐放空處 Dolores Park、有精彩壁畫的小巷 Clarion Alley、美味緬甸菜很可以的 Burma Love、城裡精緻西點一把手 Craftsman and Wolves、專攻小農的可愛市集 Bi-Rite Market（斜對面的同門冰淇店 Bi-Rite Creamery 也別錯過）。

左 ｜ 不管是旗艦店或總部的 Heath Ceramics，都值得一逛。

☜ 萊特建築走看聞香

美國建築大師萊特在灣區作品不多，扣除私人寓所，能親炙朝聖的點有三，其中，莫利斯禮品店和漢娜之家皆名列其經典代表作之列。

1. 莫利斯禮品店
V.C. Morris Gift Shop

位在聯合廣場旁，名店藝廊林立的 Maiden Lane，為舊金山市地標建築之一，萊特接手設計，改建完成後，店主易主多次，目前由義大利男裝品牌 ISAIA 進駐。拱形門廊低調至極，完全看不出店裡賣什麼玄機，據說原委任萊特之屋主，十分不滿沒有展示商品的櫥窗，但大師就是任性，完全不退讓。走過門廊，那是別有洞天，最特別的要算螺旋形步道，後來也運用在紐約索羅門·古根漢美術館（Solomon R. Guggenheim Museum）上。店裡所有櫃架、沙發、座椅皆是原版，還有獨特美麗的透光玻璃泡泡天花板，近年或許是對醉翁之意不在「衣」的萊特粉絲們感到不勝其擾，加上疫情攪局，現已改為預約方能入內。

2. 漢娜之家
Hanna House

萊特為史丹福教授夫妻打造的「平價」住宅，暱稱為蜂巢屋的六角形房子，雖然最後預算爆增成兩倍，仍不減其代表性，美國建築學會認定此為萊特建築裡，最能代表其對美國文化貢獻的十七棟建物之一。一年兩次開放參觀，詳細請參見官網。有幸前往，可同時踩點史丹佛校園、帕羅奧圖市中心（Palo Alto Downtown），有興趣看看艾克勒社區，Green Gables 或 Green Meadow，這兩個極具代表性的小區皆在方圓可及處。

3. 馬林郡市政中心

Marin County Civic Center

位於北灣聖洛斐爾，萊特生前最後幾
個建案之一。馳騁在 101 高速公路上
就能窺見一二。淡黃灰泥牆、天藍屋
頂和扇形陽台獨特醒目，外觀散發著
外太空科技感，因而雀屏中選爲電影
《千鈞一髮》（*Gattaca*）的拍攝場地。
此建築已獲選爲國家歷史名勝及美國
國家史蹟名錄。

加碼行程

請參考第 117 頁〈如果老件癖是一種
慢性病〉一文。

右｜
天氣晴好走訪馬林郡市政中心，
賞建築加健走，身心同獲滋養。

MCM，到底是什麼碗糕？　143

MCM in the North Bay

ASHES & DIAMONDS
EAMES INSTITUTE OF INFINITE CURIOSITY

🖋 納帕酒莊
之 Ashes & Diamonds

我這個幾乎滴酒不沾的人，對酒莊的出品無能置評，但 MCM 風格的建物景觀（簡潔線條、鮮明顏色、幾何圖形），和精選世紀中期現代主義的家具，在古典富麗作派主導的酒莊產業裡，Ashes & Diamonds 感覺特別令人耳目一新，有機會樂意一探究竟。

🖋 伊姆斯協會
Eames Institute of Infinite Curiosity

伊姆斯的女兒 Lucia 於一九九二年，在北灣派特路馬買下了一畝地，請來濱海牧場（請參閱第 147 頁）建築師之一威廉‧特恩布林（William Turnbull），設計一棟兼顧居家與工作室的現代農舍風格建築。目前除了是伊姆斯孫女／金屬雕刻家麗莎‧德米特里厄斯（Lisa Demetrios）生活所在，也是伊姆斯夫婦遺留下來之工作生活什物、設計家具零件、原型和小抄筆記等的收藏處。成立伊姆斯協會的主旨在，分享伊姆斯夫婦畢生所學及設計思維脈絡，盼能給現下正苦思解決棘手問題之道者，帶來些許啟發。目前官網陸續推出線上展覽，同時進行農舍改建，計畫在不久將來開放參訪。位在里奇蒙（Richmond）的新總部，已推出由伊姆斯孫女親自帶領的導覽，官網可預約。

左｜改建中的伊姆斯農舍，開放指日可待。（photo／Erin Masako Wilkins）

我的聖殿 The Sea Ranch ＋ Mini-Mod #3

「非去不可的度假地？」如果這麼問灣區人，我推估十裡有九，會以一副「這還用問嗎」的表情，不假思索回答：「太浩湖（Lake Tahoe）！」而我，無非就是那個例外，靚麗太浩湖，美則美矣，要我選，非濱海牧場（The Sea Ranch）不可，爲什麼？眞愛不需理由。

若非要刨根究柢，這麼說吧！世上不乏好山好水，但傍著太平洋，在素富盛名的海岸 1 號公路，獨占十英里，時奇峻，時柔媚，每個轉彎皆是讓人倒吸一口氣的風景。在這片崢嶸蒼鬱裡，星羅棋布著幾與地景混融爲一，定睛細瞧才得見的清簡建築，住民至今仍恪守北加波莫族原住民信仰的守則：「以最不造成地球負擔的方式過日子」（Living lightly on the land），守護這塊土地。如此這般洋溢人文理想色彩，披掛著些許神祕氣質，又有得天獨厚麗景加持的行旅所在，別說灣區，全美恐怕也就這麼個唯一。一九六四年起跑開發，集結一幫以柏克萊建築系爲主心骨的夢幻團隊所建造，濱海牧場是當時正崛起的環保運動與現代設計之完美混血，曾在舊金山 MOMA 有過獨家展覽，堪稱北加州現代建築設計典範，數十年來，擄獲鐵粉無數，而我不過是那微小的數以萬計之一。

恬著念著無數春秋，明明近在咫尺，卻硬是磨蹭多年才得以如願抵達，還不就是因爲自己對旅榻有著無以名狀的窮講究，價

錢要漂亮，得是一家三口住來不多不少的舒適，大而無當和窄仄狹逼雙雙直接出局，布局裝潢忌高調華麗，亦不喜冰冷極簡，套句找對象時總愛掛嘴上的「順眼就好」，聽來隨和，實則包藏刁鑽龜毛，三不五時興起，便網海搜獵，次次向隅，中意的不是沒有，多屬高門華宅，租費不貲，令人肉疼不說，三口之家入住著實浪費了。濱海牧場本以度假屋爲訴求，闔家同歡格局，理所當然爲大宗，聊備一格的雅居小戶，多年下來被擴建得七七八八，無怪乎遍尋不著，正當打算豎白旗，咬牙忍痛入住小豪宅，Mini-Mod #3，像朵花似地翩然從天而降，一秒變心，一氣呵成完成訂房。

五月灣區，正值搭件喀什米爾開襟薄毛衣正剛好的天氣，金燦日光，讓入眼一切都顯得神氣美麗，從未在春季出遊的我，生生被沿路見縫蔓長的野花給迷得神魂顛倒，那個當下，我萬分肯定，四季節氣裡，最愛是春天。海岸 1 號公路馳來算熟門熟路，畢竟是我心目中在地公路旅行首選，濱海牧場自是過門不入無數回，登堂入室卻是第一次，只因此地乃封閉式社區，僅限住客盤桓晃蕩，配給通行證。設計建造之初，即如此規畫，有那麼點打造現代烏托邦的意思。奔馳在 1 號公路上，濱海牧場旅舍（The Sea Ranch Lodge）雖然低調，卻不容忽視，木造極簡現代建築上鑲嵌了大羊角 logo，那是後來紅透半邊天的舊金山平面設計師芭芭拉·索羅門（Barbara Stauffacher Solomon）出道之作。

由 1 號公路轉上密林曲徑，由天灑落的斑駁金光在小路上跳舞，一陣左拐右繞，隱身參天紅木林間的 Mini-Mod #3，彷如將自身全然融入森林裡的變色龍、枯葉蝶和擬態蚱蜢，非輕易不能瞅見。屋裡是自成一格的小宇宙。「比旅宿官網上的照片更美。」是一腳跨進木屋的第一個念頭。擱下行李開始例行巡禮。不愧是濱海牧場建築師團隊裡，以「耐人尋味的低調，平凡中處處

是不平凡」風格，享譽業界的資深在地建築師約瑟夫・埃舍里克（Joseph Esherick）手筆。約二十坪挑高 loft 空間，明媚日光穿透無處不在的大片玻璃窗，居中鏤空原木階梯，串起三個樓層，兩房一廳一廚一衛無比妥貼的配置，媲美頂尖外科醫師之精準操刀，利索無贅，正所謂雀小臟全，於是，樹影天暉空氣，得以在屋裡自由流竄，無論人在哪個空間，都能揚聲對談。我們在居室裡踅來踅去，兩位大爺各自尋了個舒心位子落座，我一人面帶傻笑，東瞧西覷，左摩右挲，喃喃讚嘆！

下榻前也算做足功課（編輯生涯職業病是也），畢竟這是一棟由裡到外都訴說著故事的建築，徹底勾起我一探究竟的欲望。這棟 Mini-Mod #3，最初其實是濱海牧場開賣時的預售樣品屋，只經手過一位主人，現任屋主查德・迪威（Chad DeWitt）乃東灣執業建築師，求學時期早已是濱海牧場信徒，物色度假屋時，尋到這格局原汁原味，說千載難逢也不為過的名牌木屋，一見鍾情，傾全部身家入手，成了存款帳戶餘額掛零，一顆心卻不斷撒花轉圈的奇特屋主。帶著修復古物的崇敬心意，以保留主架構及原味設計為要務，展開燒腦的重整之路。所幸迪威的事務所專攻固舊布新，比起砍掉重練，毋寧是更環保護土的做法。

對於最終結果，迪威頗感自豪，自認做到忠於原著，同時也注入個人品味 DNA。「比起一般市場主流，舒服有餘、個性不足的度假屋，Mini-Mod #3，其實更像應邀住進屋主私宅的感覺，這是你的初衷嗎？」有幸和迪威對話，我丟了這麼個直球。「雖然登錄租屋市場前，得到諸如：一切有 IKEA、堪用、便宜、無個性最好等苦口婆心的擺設建議，對仍在奧克蘭租房的我來說，Mini-Mod #3 是此生擁有的第一棟房子，無論如何，沒辦法不任性妄為欸。家具是一件件尋來的老件，廚房連刨絲器都備妥，杯盤來自芬蘭，燈具、藝術作品和選書俱是個人收藏，與其吸引最大公約數的旅人，我更願召喚創意工作同類。」迪

威坦承。木屋裡聊備的到此一遊札記本上，清一色是建築師和設計人，在學必練的工整大寫英文字體留言，Mini-Mod #3，對創意人士確有無敵吸磁力，不乏設計界重量級人物下榻，遂而在濱海牧場攢聚相當光環，據說是不少社區新建物的臨摹範本。

獨棟旅宿逐漸蔚為風潮，在一片專為出租裝修配置，樣品屋似的度假屋裡，散發濃濃建築師屋主個人品氣的 Mini-Mod #3，特別彌足珍貴。在迪威的打理下，此屋簡直是「世紀中期現代主義」MCM 模範生（請參閱第 133 頁）。話說數年前，我揮別 MCM 經典建築艾克勒租賃舊居，這會兒能在旅處重溫，有種與摯交故友久別重逢的欣悅。愛它那種腹有詩書氣自華的沉斂低調；住來足夠舒服，卻不至讓人深陷溫柔鄉，對探訪周遭興致索然；它也像一件厚軟羊駝毛毯，隨時準備好在第一時間，將在外兜轉奔波鎮日返歸的旅人，熊抱入懷。這是一棟能神奇激起內心對放鬆呼吸吐納深層渴望，生活在靜好當下的屋子，而我們，自是樂於順應召喚。

行程說穿了，並沒有華麗珠玉般的亮點，有的只是樂此不疲的重覆，一成不變以一鍋燕麥粥開始，配上附近 Two Fishes Baking 的咖啡和倫敦霧拿鐵，若嘴饞，便共享一枚 morning bun，再往濱海牧場旅舍不限次數踩點。我們來得正當時，附設餐廳交誼室剛翻新，連選物店都能逛得津津有味。緊臨太平洋，彷彿永無止境的海景步道，回回走來是不同風景，午時北馳瓜拉拉（Gualala）小城，上 Surf Market 採買補給，去附近獨立小書店 Four-eyed Frog Bookstore 探探，捕獲丹妮爾·克羅爾（Danielle Kroll）的太平洋海岸公路旅行插畫指南一書，

右｜原汁原味 MCM 情調的 Mini-Mod #3，是我會想重返的旅路上的家。

晚時就著木屋裡暈黃燈光賞讀正好。在 Izakaya Gama 和 Upper Crust Pizzeria 之間舉棋不定，情感上臣服日式居酒屋，可理智上只想就近解決，前者得再往北馳半小時，終究被惰性打敗，拎著兩大片披薩打道回府，廚櫃拿出樣式質樸的芬蘭老牌盤皿，聚攏餐桌邊喫邊聊，偶爾從眼角餘光，彷彿可見咻地一閃而過野鹿身影，食畢如若無倦意，身子裏嚴實，跨出居室，便能仰望無光害晶晶閃亮的星空，一邊讚嘆一邊笑說：「明天同樣行程再倒帶一遍也不壞啊！」

短居 Mini-Mod #3 期間，一向有「晨難起」症頭的我，當晨光從臥室旁大窗大搖大擺闖入，吻上我的臉那當口，便奇蹟似地甦醒，洗漱換裝，精神抖擻地屋裡屋外，像飛蛾般追逐光影，拇指喀嚓喀嚓狂按猛拍。屋外方圓闐無一人，唯群鳥在枝頭啁啾鬧騰，和腳底踩踏落葉發出的輕脆聲響，我想到美國暢銷童書作家蘇斯博士（Dr. Seuss）說的：「當夜晚遲遲無法入睡時，你知道你戀愛了，因為現實總算比夢境更美好。」以此類推，當一個慣常晏起者，迫不及待奔向朝陽，又何嘗不是墮入愛河的徵兆？我想，我是徹底愛上這棟隱匿蒼鬱樹林裡的木屋，一派樸拙的外表，盛裝著耐人尋味的內裡，不譁眾取寵，甚至有一點孤芳自賞的味道，不盼世人注目，但求知音慧眼。儘管它在我眼裡堪稱完美，卻絕對不會是每個人的菜，大概就是青菜豆腐各有所好的概念，所以，千萬千萬，不要只是慕名而來。於此，屋主迪威顯然也認同：「對某些人，濱海牧場忒無聊，做一些在家就能做的事，但對有緣人來說，遠離囂擾，擁抱自然，慢慢生活，做什麼都很有意思。這裡一年四季，僅秋末有稍縱即逝的和暖，其餘皆是濕冷陰霧，勁風夾雜，媲美蘇格蘭冷硬派的氣候，而這也是此地之所以令某一掛人，無比著迷鍾情的

右｜壯麗紅樹林，是濱海牧場最令人心折的風景之一。

主因。」

喜歡迪威採訪最終所下的註解：「濱海牧場是一半旅行目的地、一半生活態度的混融，以最不造成地球負擔的方式，過出理想的生活。Mini-Mod #3，既是我們私底下生活風格的瞥見，更是上述信仰的最具體實踐。」我彷彿可以預見，在不久的將來再次造訪，內心歡喜雀躍一如初見。

濱海牧場這樣玩

起碼三天二日起跳，可專攻濱海牧場，但更建議擇定 1 號濱海公路，
沿路上下幾個有意思海村或內陸小鎮，
規畫一週以上公路旅行，能更全面感受濱海公路聞名於世的魅力。

👉 時程安排

吾家下榻 Mini-Mod #3 這趟為期五日小旅行，東灣出發，中午於史汀森海灘（Stinson Beach）的 Parkside Cafe 用餐歇腿，之後在托馬萊斯人氣烘焙店 Route One Bakery and Kitchen，帶上一杯熱拿鐵，夕時抵達濱海牧場，盤桓兩夜，退房前往俄羅斯河谷（Russian River Valley），中間在菲羅（Philo）小鎮，隱身紅木森林裡的無菜單餐館 The Bewildered Pig 用膳（可惜已於二〇二三夏季歇業，從此安德遜河谷（Anderson Valley）又短少一

賞味點），路經奔維爾（Boonville），怎能不來杯旅路抹茶拿鐵？順便小逛愛店（請參閱第 251 頁），晚上在希爾斯堡（Healdsburg）星星廚師主持的蔬食餐廳 Little Saint 用餐，下榻佛瑞斯維爾（Forestville）小鎮，住上兩日，專注攻略索諾瑪酒鄉最富貴族氣的希爾斯堡、自由嬉皮的塞瓦斯托波爾，和市外小桃源奧瑟丹托（Occidental）。五日走完頗緊湊，但還算應付得來，如能延長，永遠是好主意。

左｜濱海 1 號公路的春天，野花恣意盛放，說多美就多美。

🐦 濱海牧場漫遊千遍不厭倦

濱海牧場本身就魅力無限，對設計／美學特別有感者，天天在社區裡四處流連兜轉，也是樂不思蜀的。無數野徑步道，探索不完；三座含泳池、桑拿、網球場、籃球場的休閒中心，Ohlson 和 Moonraker 尤具設計感，配襯無敵海景，很難找到能匹敵的社區活動中心；黑點（Black Point）、鵝卵石海灘（Pebble Beach）和貝殼海灘（Shell Beach）各有看頭。濱海牧場旅舍，類似星級飯店接待大廳、餐廳兼精品店，翻新不久的空間，保留原來鋼骨架構，以新派料材妝點，流露恰到好處的低調華麗，復古又現代，尤其有大壁爐的交誼廳，差點移不開腳。不定期舉辦各種饒富意思的活動，如瑜珈、藝術展、農場導覽、觀星、爵士樂聆賞、水彩畫課。旗下從精緻到輕簡的用餐選擇皆備，足不出戶，完全沒問題。

🖝 周邊也要踩點

名家手筆，以在地原木和海邊拾回貝殼打造，形如羽翼的無教派迷你禮拜堂 Sea Ranch Chapel，有種超現實感；Gualala Point Loop 和 Salal Bluff Trail Loop 是兩條短而美的上選步道；近鄰的 Two Fish Baking Company，整治麵團功夫扎實，日日拜訪不厭倦；鄰鎮瓜拉拉的 Surf Market，生活所需皆備，且選物用心，眼光犀利，好逛好買；就迷你小鎮規模來說，Upper Crust 披薩、Gualala Seafood Shack 平價海鮮，都能吃得無怨飽足；不介意半小時車程，北馳 Point Arena，以在地時鮮料理菜色的日式居酒屋 Gama Izakaya，足能撫慰旅路上備受忽視的亞洲胃。

左│旅舍休閒中心方圓，就能玩得樂不思蜀。
右│Two Fishes Baking 的烘焙意想不到的講究。

如果在舊金山
只能逛一家店

「如果去荒島，只能帶一件 X」這個問題，總能讓人玩得樂此不疲，永遠是聚會派對的上好談資。我在筆電前老僧入定的坐下，思考著雜食者食書店（Omnivore Books on Food）在我心裡，到底有著什麼樣的地位？腦子裡冷不防就冒出這麼一句：「在舊金山，如果只能逛一家店，那麼就是雜食者食書店了，沒有之一。」

開玩笑，這家書店根本是我心心念念盼來的，它具有不可替代的指標性意義。這話怎麼說呢？過往在旅路上，不管到哪個天邊海角、華城小鎮，若有獨立書店，不依不饒就是要踩點，如果有食書店，那必需得排除萬難，不達陣便賴著不走。在美國，共十六家食書店，世界之都紐約就甭提了，獨占其中四分之一，就連紐奧良和緬因州小鎮，都有聲譽佳良的食書專賣店，甚至北邊加拿大牛仔城卡加利（Calgary）都不落人後，唯獨舊金山這西岸一線美食重鎮從缺，真真說不過去。碎念多年之後，席莉亞·薩克（Celia Sack）受到緬因州食書書店店主啟發，終於在二〇〇八年下定決心，把和伴侶合開寵物店旁，本是傳統肉鋪的空間清空，布置一番，跨出自個兒創業第一步。雜食者食書店堂堂開張，自此沒少交關過。

但凡自認是個饞人、書癡，對食書毫無抵抗力者，雜食者食書店就是麥加、聖殿、天堂。隱身在舊金山邊陲住宅區諾伊谷

（Noe Valley）的飲食書專賣店，尺寸充其量只能說是迷你，但因挑高格局，加上錯落合宜的擺置和敞亮窗戶，並不顯擠逼。店裡沒有所謂暢銷書或新書專區，是屬於混搭排列，身價不菲的古董書，排放在櫃台前及後方牆面，只要打聲招呼，儘管拿起來掂量賞看。麻雀般十五坪大小，拜席莉亞經驗老道的淘選篩檢歸納，硬是讓書店感覺像是有挖不盡的寶窟，一如短腿妹子靠穿衣術搖身一變九頭身一樣，神奇得很。書種從滄海一粟的百年古董書、作者親簽新書、長銷經典，甚至老牌餐廳紙本菜單皆備，涵蓋主題從種植、照養、收成，到最後料理成盤中飧的通盤過程，上天下地，包天包海，有十九世紀農事指南，也不缺如何在二十一世紀，擁有一公寓陽台園圃的手把手教戰，只要你想得到，幾乎都可以在店裡，兩片從地面延伸到天花板，儼然書牆的架上，找到答案或參考。如果在浩瀚書海裡迷失，揚個聲，守在櫃台的席莉亞立時可諮詢救援。曾在拍賣店擔任古董書拍賣專家多年的她，博覽食書，記憶力驚人，最重要的是，總是一派熱誠又朗朗健談，一個問題拋出來，彷彿在她腦子裡按下搜尋鍵，各種五花八門的答案，像吃角子老虎中拉霸一樣嘩啦啦掉出來。如此殷勤周到的服務，副作用就是，原本只想找一本，最後卻提了一袋離開，不過，訂製紙袋顯眼氣派，提在手上感覺不壞，讓我遙想起多年前，提著墨綠誠品書店紙袋裝氣質的老時光。

絕無僅有的古食書，是雜食者食書店的當家台柱，也是使其更出眾於外地食書店之處，但嚴選自世界各地的近代及新出版物，席莉亞也不厚此薄彼，總是傾全力力薦推銷。疫情之前，定期邀約新書作者親赴店裡簽書開講座，場場精彩，且完全免費。十幾年來，飲食界檯面上重量級食書作者、名廚們，譬如費蘭・亞德里亞（Ferran Adria）、慢食教母愛莉絲・華特斯、尤坦・奧圖蘭吉（Yotam Ottolenghi）（四次簽書）、湯瑪斯・凱勒、英國的奈潔拉・勞森，都曾親臨店裡打過卡。其中亞德

里亞的場次，是另租劇場場地舉辦，門票在七十二小時完售，席莉亞總愛打趣說，大概只有茱莉亞‧柴爾德復活，才有可能重現所有舊金山廚師全員到齊的盛況。一回幫台灣《大誌》做報導時，我曾好奇問她：「有沒有遇過相見不如不見的作者呢？」席莉亞歪著頭，抿脣略為思考後，淺笑回答：「倒是沒有，應該說，有的話，也都在我的預期之內，不曾出現落差劇烈的情況，食書作者們多半都很眞，親民居多，料理和書大抵如其人。」親炙名廚丰采的同時，席莉亞也見證美國的食潮變遷起伏，店剛開張那會兒，是培根的人生顛峰期，之後經濟衰退，家戶手頭緊，大量減少外食，也樂於窩在廚房裡煮罐頭、醃火腿、發酵酸菜、熬果醬等，煮製這些以往多半掏錢買來了事的食品，食譜書相對重要，也成爲可以說得過去的額外開銷。之後是香料的崛起，英籍廚師尤坦‧奧圖蘭吉功不可沒，然後，廚工技術也漸受重視，接著疫情爆發，給市場投出一記讓人瞠目結舌的超級變化球，烘焙麵包書瘋賣六週，之後，黑人喬治‧佛洛依德（George Floyd）因警察執法過當而喪生，掀起一波「黑人的命也是命」（Black Lives Matter）的全民運動，強勢帶動美國黑人烹調，及黑人廚師作者食譜書的買氣，席莉亞眞心認爲這是好事，只不過，也是曇花一現，目前安慰食物（comfort food），又再度成爲煮婦的心頭好。

灣區居家隔離暫緩後，一個秋日週末，我們仨特別驅車進城溜溜，第一站自然是雜食者食書店，一走進門，看見一切依稀如常，鎮守在櫃台後的席莉亞，聽見開門聲響抬頭，嘴角上揚說著歡迎光臨！帶著溫度的朗朗音調不變，一顆提到嗓子眼的心落定，隨口探問閒聊。我問她疫情期書店營運，她直言非常幸運，在百業待舉的逆勢中成長，雖然遠遠比不上衛生紙被搶購一空的盛況。這話聽在我這死忠粉的耳裡，簡直比五月天的情歌還動聽。畢竟於我，雜食者食書店是值得感恩的存在，自是盼著它在舊金山飲食版圖上，長久占穩一席之位。

嚴選小而美獨立書店

1.William Stout Architectural Bookstore @ San Francisco

這是位於市中心傑克森廣場（Jackson Suqare）的建築與設計書籍專賣店，在美國有大佬級地位，當然也是在地珍寶。我這看熱鬧的外行人偶爾去附庸風雅，硬核設計派值得一訪再訪。

2.Book/Shop @ Oakland

一間專注於提供所有關於書籍與閱讀多面向經驗、物件及活動，不只是書店的概念店。文青氣息濃厚的空間，將精挑新舊書籍當成藝術品般，與其他相關設計物件擺置其中，感覺像是場有趣的主題展。

左｜Book/Shop 店內擺置總有新意。

3.Green Apple Books @ San Francisco

常年票選爲舊金山最佳書店，新舊書皆備，最令我著迷的是其空間氛圍，親暱悠閒，有老式店家的情調，卻有巨型書店的上架規模，迷宮似的動線，引人深陷。

4.City Lights @ San Francisco

舊金山地標級書店，雖不是我最常踩點之處，但如何能不列入？專注於詩作、文學、翻譯著作、文化研究、哲學、音樂、藝術、電影及政治等，定位爲人文書專賣店。經常舉辦大小活動，陶冶心性請來這裡。

5.Point Reyes Books @ Point Reyes

此書店位在西馬林郡（West Marin）雷斯岬國家海岸公園（Point Reyes National Seashore）入口，是我每次造訪雷斯岬總要順道巡田水的小店，特別專注於自然、生態、植物、詩與文學類作品。

6.Poet's Corner Bookshop @ Duncan Mills

若不是全美，也是加州最迷你的書店了，主人乃西移紐約客，決心以這家小書店展開新人生，帥氣極了。選書以主流興趣和個人主觀加總除以二爲標準，小雖小，但我們仨皆挖到書寶。

7.Black Bird Bookstore @ San Francisco

二〇一七年開張的小而美社區書店，希望搭起住民與書的友誼橋梁，二〇二二年擴張，多了咖啡吧與後花園，簡直是所有愛書人渴望擁有的夢想社區書店了。

8.Books and Letters @ Guernville

俄羅斯河谷旅行時，無意中發現的獨立書店，擺設有 MCM 調調，彼時才開張一個多月，在社區學院教書的老闆麥可十分親善，選書除了在地相關書籍，也貼心挑選適合度假閱讀的作品，加上他個人偏好，形成十分與眾不同的陳列。

photo | Sandra Gardi

黑石牧場的
珊卓拉

珊卓拉（Sandra Guidi）是我鼓起壯士斷腕般的勇氣，開始以自認茱茱的英文更新 IG，結識的第一位新朋友。而這緣分，是由一群七隻即將瀕臨絕種的聖塔克魯茲島羊牽起的。

早在終於忍不住發聲搭訕之前，已默默在黑石牧場（Black Rock Ranch Stinson Beach）帳號探頭探腦好些時日，一邊翻滑著貼文，一邊在心裡素描勾勒著「珊卓拉」的具體形貌：她的照片有種質樸不經意的文青氣；文字跳躍，像是手寫我心的即興，時不時出現書寫跟不上思路的可愛斷片；貼文穿梭在北灣黑石牧場和托斯卡尼鄉野之間，迢迢國度卻毫無違和，一逕農家生活小品興味；穿插本尊生活影像，端詳許久也愣是瞧不出種族背景（後來得知是南美與美國白人混血）；帳號裡著墨巨深，特寫最多，儼然牧場巨星般存在的，絕對是那七隻六大一小聖塔克魯茲島羊，和一群鎮日在橄欖樹下快活穿梭、爛漫天真的雞仔們。我得承認，細讀慢品一陣子，還是沒描繪出什麼究竟，既不似刻板印象裡的傳統農場主人，也不像隱居鄉野順便務個農的藝術工作者，當然更非厭倦都市，決定甩手離職，到城郊買塊地過起半農半 X 生活的前科技菁英。罷了，我不是阿嘉莎‧克莉絲蒂（Dame Agatha Christie）筆下的名偵探白羅，不猜，直接舉白旗投降。

謎團珊卓拉吸引著我想一探究竟，某日看著她分享的一支七隻

聖塔克魯茲島羊短影片，拍攝時，牧場山坡正被當地晨時常存的飄紗霧氣籠罩，羊群漫遊在牧場崎嶇山坡翁鬱樹叢間，姿態靈動優雅，這兒嗅嗅，那裡嚼嚼，整個影像有種如夢似幻的仙氣詩意，終於我忍不住傳送了一句簡單的讚美，儘管我的 IG 履歷資淺，但也大致捉摸出專屬社交禮儀，對於我那樣流於制式的回應，得到一個愛心符號算不失禮，如果換來手打謝謝兩個字，那可算是殷勤又親切，而謎一般的珊卓拉，倒豆子似的一串回覆，讓坐在廚房中島滑手機的我，差點沒從椅子上跌下來。這種熱烈的高規格回應，只能說受寵若驚。要知道，在資本主義至上的美國，人與人之間往來，也難免沾染一定程度的功利氣，不見得一定和錢有關，但基本上，多數人沒有閒工夫純粹搏感情。由此只是更加證明：謎樣的珊卓拉是異類，而我，正好很喜歡這樣的異類。

收到善意回應，自是泉湧以報，畢竟當初之所以決定不管不顧以英文更新 IG，圖的就是能與在地同好搭起友誼的橋梁，遇上潛力對象，開啟話家常聊天模式是一定要的。探詢之下得知，珊卓拉打算在自宅旁的小屋開設手作物事店，接受預約開門迎賓，我二話不說就敲定造訪日。座落在塔馬佩斯山腰，面向細白如雪的史汀森海灘，和蔚藍太平洋的黑石牧場，僅有兩條道路可抵達，都是同樣九拐十八彎，我們決定循著熟悉的加州 1 號公路前往，這海岸公路有著就算不說舉世聞名，但名震全美也絕對不為過的絕美景致，是我私愛的在地公路旅行路徑。

按著珊卓拉的指示，從濱海公路轉上小道，行經一大片閃著銀綠光芒的橄欖園，從牧場大門沿著私家車道往上開，就抵達珊卓拉背山面海的宅邸。穿著卡其工作服正在花園裡揮汗勞動著的洛德（Rod Guidi）先發現我們，走過來握手致意，然後朝屋

右｜黑石牧場背山面海，景致無敵，日常彷如像度假。

photo | Sandra Guidi

裡扯開喉嚨喊著客人來了。身著牛仔褲，上罩棕色毛衣，頭髮在後腦勺梳成一個小髻的珊卓拉，手上捏著一張泛黃紙頁，笑咪咪走來和我們一一問候。瞬間，竟有種和筆友相見的錯覺，畢竟自從在 IG 上搭上線，就聊得熱火朝天，從家裡前後院的改頭換面計畫，偶爾給她出出如何把牧場收成換成銀兩的餿主意，和她抱怨疫情後植栽有多難入手等細瑣；她則告訴我：又買了幾株果樹和爬藤花，盤算著把發酵多時的蘑菇製成水彩塗料，定居義大利托斯卡尼的姐姐即將來訪的消息，助我買回灣區罕見的法國橄欖樹皮丘林（Picholine）植栽，並殷殷叮囑我得再買一棵其他品種配對，才有機會開花結果，蒙她不嫌棄，就此承擔起一棵法國橄欖樹主人在下我的無償軍師。

氣氛不能再好，對話像春夏秋冬四季輪轉一樣自然展開，換了登山靴，當起稱職的嚮導，珊卓拉先是攤開手上紙頁，食指在上頭指指點點，告訴我們十一年前入住時，除了職人手工建造英偉有型的地中海風格主屋，和前頭波浪般一叢叢圓丘似的迷迭香和鳳梨鼠尾草，就是一片荒煙蔓草，別無他物。她和擅修繕的老公洛德，一點一點把不忍卒睹的頹敗，重建成今日觸目所及的蒼綠向榮。「買下這棟房子和近三英畝的地，完全不在計畫中，我和洛德從公共服務職場退役，簽約買了棟十五坪小房子，莫名其妙沒買成，卻陰錯陽差買了這棟大宅，現在想來，一切都是天意，我們注定要成為這片土地的復育守護者。」沿著兩旁被橄欖樹環擁的小徑向上行，珊卓拉細說從頭。

對土地管理一無所知的夫妻倆，把能上的相關課程都上遍，邊學習邊致用，先是趁一次罕見橄欖樹跳樓大拍賣，搶購了五十棵，倒也不只是貪便宜，最主要還是認為，這些樹應該能很好的適應崎嶇多岩地勢和淺層土壤，挺好照養，不太需要施肥，成樹後也耐得了乾旱，橄欖枝是和平象徵，令人喜愛，而且渾身是寶，果子好榨油，葉子宜泡茶，修剪樹幹能做鈕釦，枝葉

可編聖誕花圈，不試著種種看怎麼成？跟著橄欖樹進駐的，是一群活潑的雞仔，之後則是深思熟慮多方評估才引進的聖塔克魯茲島羊。我們站在土坡往上方密林裡瞧，看到六大一小島羊，群聚在大岩石上，居高臨下凝視我們，一副敵不動我不動的姿態。珊卓拉側身和我們解釋：「這些來自南加外海小島上的羊，依然充滿野性，對周遭環境抱持高度警覺，但這也是我們希望的，期盼這些瀕臨絕種的島羊，能在這塊坡地上依循原來的習性自在生活。」

十一年來跌跌撞撞少不了，但珊卓拉感恩一直有貴人引路，譬如服飾編織界的慢衣運動提倡組織 Fibershed，簡直是黑暗中指引方向的明燈，沒有其補助金和方方面面的協助，領了羊進門之後，怕是要手足無措，而和國家公園合作的綿羊放牧計畫，也不可能如此圓滿成功。引進這群聖塔克魯茲島羊，是再明智不過的決定，羊群們日日隨心所欲到處啃食，毫不費力把雜草趕盡殺絕，將非在地及侵略性的植被驅逐出境，護持住水土，促進在地植草的增長，有效清空枯枝雜葉，預防一觸即發的森林野火。綿羊放牧近年來在灣區有愈形火紅之勢，尤其春夏之交，馳騁在酒鄉，經常可見群羊們在葡萄藤架之間埋頭大啖，哪兒有草哪兒去，吃得歡天喜地，滋潤肥腴，酒莊主人輕鬆收穫淨空雜草的果園，你說世上還有比這更棒的雙贏嗎？珊卓拉的牧場，也是比照這模式慢慢恢復地力生氣。分享著島羊們的卓越表現時，珊卓拉像個誇讚自家寶貝的驕傲母親，笑意盈然，目光燦璨。

感性的珊卓拉是個稱職的嚮導，跟著她繞行一圈，一草一花一樹一木都有著各自的風華精彩，沒有誰比誰尊貴、誰比誰嬌美這樣的事，走走停停，一下屈膝嗅聞野玫瑰花香，或以手指撫摸墨西哥鼠尾草緞緞般的絳紫花瓣，細細審視不同品種的金盞花，盛讚其強大的療癒力；行經主屋旁那一大叢放肆蔓長的野

生茴香，珊卓拉教我們採集茴香花粉，和海鹽混拌可以成爲上等調料，是主張「農場到餐桌」烹調主義灣區主廚的祕密武器。和珊卓拉聊天有一種「哎啊！人生可真美好！」的感覺。

最後來到珊卓拉摩拳擦掌籌備中的手作物事店（拜訪採預約制），是棟獨立小木屋，角落置著權充包裝收銀櫃台的書桌，四面牆有各據一方的復古櫃架，陳列著牧場各式收成製成的物件，如：植染圍巾、手拭巾、手帕、棉襪、獨家調配花草茶、茴香海鹽、初榨橄欖油、接骨木花甜漿、玫瑰花糖、聖塔克魯茲羊毛線團、乾燥花製成的裝飾花圈等等，都是別無分號、獨家手作的物事。我東摸西瞧，件件愛不釋手，挑了幾件東西帶回家。

前腳才離開，心裡馬上盤算著何時再來。伴著玫瑰金的夕照，循原濱海公路返家，我搖下車窗，帶著海味的清風輕巧鑽進車裡，想著今日美好初會，珊卓拉親切熱誠，禮貌的談吐裡，透著難得的溫情，她易感卻不複雜。當她告訴我，這輩子做過最棒的決定，是買下這棟房子及寸草不生的坡地，從此展開一無所知的冒險，走著走著，就開墾出一個小牧場，跌跌撞撞，卻無怨無悔。那瞬間，我秒懂了，珊卓拉於我如謎一樣的身分，就算再天縱英才的神探，也難以精準側寫出珊卓拉的正經人設，只因她一直都走在未知的路上，人生就像剝洋蔥，也像在解謎，不到最後不見分曉。喜愛的美國詩人瑪麗‧奧利佛（Mary Oliver）有此名句：「告訴我，對於你狂野且珍貴的這一生，你打算怎麼過？」（Tell me, what is it you plan to do with your one wild and precious life?）我想，珊卓拉已經找到答案。

左｜珊卓拉的手作小店裡，滿是僅此一件的可愛物事。

迷你散策

黑石牧場延伸踩點小筆記

黑石牧場位在西馬林，素有北加最美海灘之一的史汀森海灘方圓，
離舊金山市只隔一金門大橋，像是附贈海灘的後花園。
安排一日小旅行很可以，
找個旅宿盤桓幾天，也不愁找不到地方消磨時間。

☞ **史汀森海灘**

深谷裡的可愛農場 Slide Ranch，免費入場很佛心；Muir Beach Overlook 可賞太平洋麗緻海景；英式都鐸餐旅店 Pelican Inn，環境美，氣氛佳，餐點就不特別計較；塔馬佩斯山值得一訪；精短易行的步道 Verna Dunshee Trail，能俯瞰灣區峻山闊海；位在山之巔的 Mountain Home Inn，風格有擊中我；紅木林國家森林保護區 Muir Woods，是灣區獨一無二的祕境；鎮上的 Parkside Cafe，地點和氣氛皆上流，附贈一可愛選物店，值得一逛，可惜餐點水準沒跟上，倒是去年開幕兼賣餐食的小年輕市集 Bodega Stinson Beach，更為經濟實惠。

左｜太平洋一年四季變化萬千的海景，百看不厭。

BOLINAS

☞ 波琳娜

灣區最迷你也最有個性的小鎮——波琳娜（Bolinas），讓我一訪傾心。農場路邊攤一文裡推介的兩個代表（Gospel Flat Farm & Blackberry Farm）便是座落在此地。鎮上一主街，獨立商家不少，還配備一間小博物館（Bolinas Museum），不奇怪，居民有不少文藝界人士和低調千萬富豪，主街走到底便是海灘。Eleven Wharf 食物有水平（樓上旅宿中看不中住），若遇上咖啡與印度奶茶快閃大叔有營業，那是可以考慮買彩券的幸運日。

POINT REYES SEASHORE

🐾 雷斯岬海灣

雷斯岬海灣（Point Reyes Seashore）是西馬林郡的指標景點，其中雷斯岬燈塔（Point Reyes Lighthouse）最富盛名，請做好往返爬三百餘階梯體能訓練的心理準備；既然來到燈塔，不如順便到 Drakes Beach 海灘走走；落羽杉綠色隧道（Cypress Tree Tunnel）拍照特別正，是說若能幸運避開人潮的話；相較之下，位在因佛尼斯（Inverness），有百年歷史，同樣小有名氣的擱淺蒸汽船（Point Reyes Shipwreck），人氣不那麼暢旺，但同樣上鏡，有種遺世獨立的迷人感。來到這裡，不啖生蠔似乎說不過去，Hog Island 名氣最響，不拘小節的 Tomales Bay Oyster Company 對錢包最仁慈，但僅限外帶。

海灣中心所在的雷斯岬車站（Point Reyes Station），是人口兩百餘人的精彩小鎮，老牌烘焙店 Bovin Bakery、選物店 Sea to See、附設藝廊的社區市集 Toby's Feed Barn、獨立書店 Point Reyes Books、在地有機織品家飾品牌 Coyuchi 旗艦店（設有過季或小瑕疵折扣專櫃）等，是我會隨機造訪的店點。

若和我一樣喜歡追本溯源到農場或美食製造地參訪品評的話，雷斯岬農家起司公司（Point Reyes Farmstead Cheese Co.）有很棒的選擇，獨一無二以香檳方式釀蜂蜜酒的 Heidrun Meadery 有品酒和導覽，其欣榮花園可預約野餐。

左｜波琳娜的黑莓農場有最文青氣的路邊攤。
右｜小有名氣的擱淺蒸汽船方圓，近黃昏時如水墨畫般的海景，饒富詩意。

紅木森林裡的
A frame

滴答！滴答！滴答！雨滴像跳踢踏舞的足尖，點擊在屋頂上，發出比時鐘還規律的清脆聲響。被雨聲喚醒的我，奇蹟似的沒有一星半點起床氣，相反的，凝神諦聽須臾，眼兒彎彎，嘴角上揚，彷彿聽到的是，芝加哥交響樂團演奏的絕美天籟。我掀起窗簾窺探，天色依舊昏黑暗濛，小木屋前溪水混沌灰濁，倒是泥地上隨機滋長的墨綠苔蘚，以及四周頂天如塔的紅木老樹，看來容光煥發。落雨，幾乎是所有旅人，包括我，最避之唯恐不及的氣候，唯獨這次例外，內心其實暗竊喜，撒潑使蠻的雨，給我一個名正言順賴在凱茲小木屋（Caz Cabin Project）的理由。

入住 A Frame 木屋，一直是夢想清單上的一項，獨鍾 A Frame 建築的理由，說來其實挺膚淺，就偏愛其像字母 A 的經典外型啊！不覺得有種鮮活生動的安徒生童話感嗎？尤其矗立在蓊鬱茂林間，前有明溪後靠青山，感覺像是逃離塵俗瑣事的理想避難所。美國第一棟 A Frame 小木屋，據說是出自奧地利建築師魯道夫·辛德勒（Rudolph Shindler）之手，位加州，數十年後，紐約建築師安德魯·蓋勒（Andrew Geller）師法，在長島也蓋了一棟，躍登《紐約時報》扉頁，從此聲名大噪，市場供不應求，紛紛推出預製屋（prefabricated home），造價親切，工事簡單，自此一屁股坐上不敗度假小木屋建築寶座。

我的 Airbnb 最愛檔案夾裡，搜羅不少理想物件，從外型、內在、地點和價位各點綜合評比，位北灣俄羅斯河谷沿岸的凱茲小木屋，是我的首選。這棟由舊金山建築師搭檔布莉和丹尼爾·艾普生（Brit & Daniel Epperson）入手後重新打造的 A Frame，是想雞蛋裡挑骨頭都為難的最佳裝修布置示範。初見照片便移不開眼，墨色帶點藍綠光譜的外漆，配上淨白描邊，佇立參差紅木樹林，入世又飄逸，微調的 A Frame 架構，對稱平衡卻不呆板，內裡裝潢也沒辜負外在顏值。「我們對這棟老房子可說是一見鍾情，以現已絕跡的紅木建造，從未被改動過，屋況維持極好，翻修前審慎思考，除了挪移正門，打掉幾片牆，讓動線更流暢，另將樓下房間衣櫥改成全套衛浴，其餘可以說是原封不動。」布莉和我分享改造木屋細節。

穿上晨褸施施然起床，昨日抵達天光已歇，鵝黃燈光與霞紅爐火，交織成迷人煙火氣，食畢從布達加海灣（Bodega Bay）的 Terrapin Creek Cafe 外帶，令人激賞的實力派晚餐，便直奔起居室軟如雲的沙發座，耳聽讓人感到安心的燃燒柴薪嗶啵聲響，各自安好地看書、滑手機，少爺窩在二樓挑高閣樓主臥裡的吊床，搖盪放空，落地窗外頑皮的夜風，在斑斑樹影間嬉遊流竄，歲月靜好說的就是這樣的氛圍吧？這當口，哪還有心思細瞧端詳木屋裡的細節，留待明兒日光抵臨時再欣賞不遲。雨下了一整夜，連帶把太陽也綁架了，幸好，A Frame 建築的特色就是處處是窗，加總起來，就算外頭霪雨霏霏，室內亦盡夠敞亮。廚房盲人摸象似的搜索一陣，將家裡備好扛來的肉桂、薑糖、燕麥傾入湯鍋，注水以文火慢煮，趁這時候，手持一杯猶在冒煙的抹茶玄米茶，偵探似的東看西瞧。

右｜配有吊床的閣樓臥室，讓人想飛撲上去翻滾。

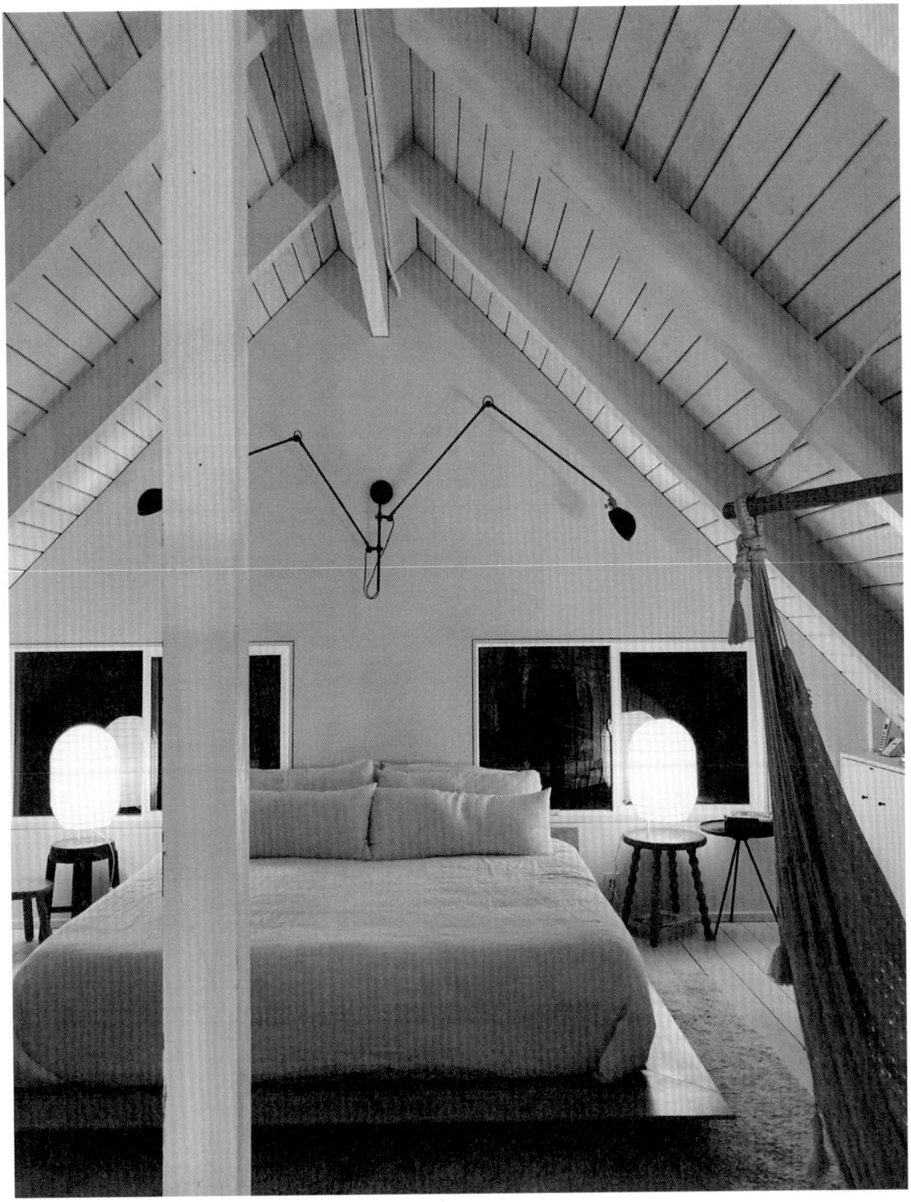

經典 A Frame，身形像三稜柱，與地面相連接的兩個長且陡的斜邊是屋頂，通常有兩三層樓高，凱茲小木屋屬延伸變化款，是二次大戰後的產物，A 字母成為建築的一部分，而非全部，空間上較傳統樣式更舒敞，二樓是明淨主臥，形式雖是閣樓，空間卻十分大器有容，該有的床櫃架和布沙發齊備，還配有室內編織吊床呢！正正面對的是起居室通透玻璃牆，窗外直聳蒼鬱紅木林一覽無遺。一樓另有一迷你臥房，其餘便是公共活動空間。凱茲小木屋一室淨白，唯獨廚具流理台和起居室裡的壁爐牆，塗上呼應房子外漆的墨色，家具擺設以淺淡大地色系為主軸，色調溫潤，唯廚房的玫瑰紅大理石桌，是一抹出其不意的跳躍，那是布莉和丹尼爾從跳蚤市場入手再加工的美物，來自法國里昂的工業風燈具，鮮活了一室表情。當我和布莉聊到這個入住時的觀察，她坦承：「布置時，給空間一個中立調性，再適時以吸睛顏色、質地和形狀的物件畫龍點睛，差不多是我的裝潢內建本能了。」

必需說，凱茲小木屋是我目前入住過的度假屋裡，屋主最講究細節，又捨得分享的異數。居家用品環保品牌居多，不少亦是我家裡慣用的，像床墊和亞麻床組，可不正精準演繹了 home away from home 這個詞？廚房配備、廚具、爐台都挺考究，不是聊勝於無的一般貨色，抽屜拉開，看到 LC 鑄鐵鍋和 All-Clad 鍋具；流理台角落竟然還放著 kitchenaid 攪拌器，各式烘焙道具也挺充實，琺瑯盤皿和各種基本廚器一應俱全，配有 Chemex 咖啡手沖濾壺，豆子亦是在地有機品牌，沐浴用品是北歐貨，手巾、毛巾來自灣區在地有機織品老牌。屋裡散落各處的書籍，很對閱讀胃口，櫃架白牆上的裝飾擺設，看得出來有老件風情，不是那種賣場一抓一把的量產品，確實難能可貴，多的是架構挺唬人，內裝細節近看，卻讓人不忍直視的度假屋。「大概是我本性對物質依戀不重，又喜歡分享，時不時就微調木屋裡的擺置，裡頭幾乎都是我們很心儀的物件，我以為，那

左｜配備相當齊全的廚房。
右上｜大地爲主色調的布置，溫暖居家。
右下｜Terrapin Creek Cafe 的外帶晚餐，盛在木屋的盤皿上，看來加倍可口。

是賦予空間意義和靈魂的關鍵；當然，也不能置放太過珍貴
的東西，畢竟意外難免，像之前赴墨西哥旅行時帶回的 Luis
Barragan 鏡子，就被住客不小心打破了。」布莉這麼說。大膽
猜測，或許和她頂著建築師職銜不無關係，也算是一種形象包
袱吧！畢竟，房子對建築師而言，儼然立體名片，自是比一般
屋主更在意整體感，外裝內在必需名實相符，總不好自砸招牌。
凡此種種，成就了凱茲小木屋的與眾不同。

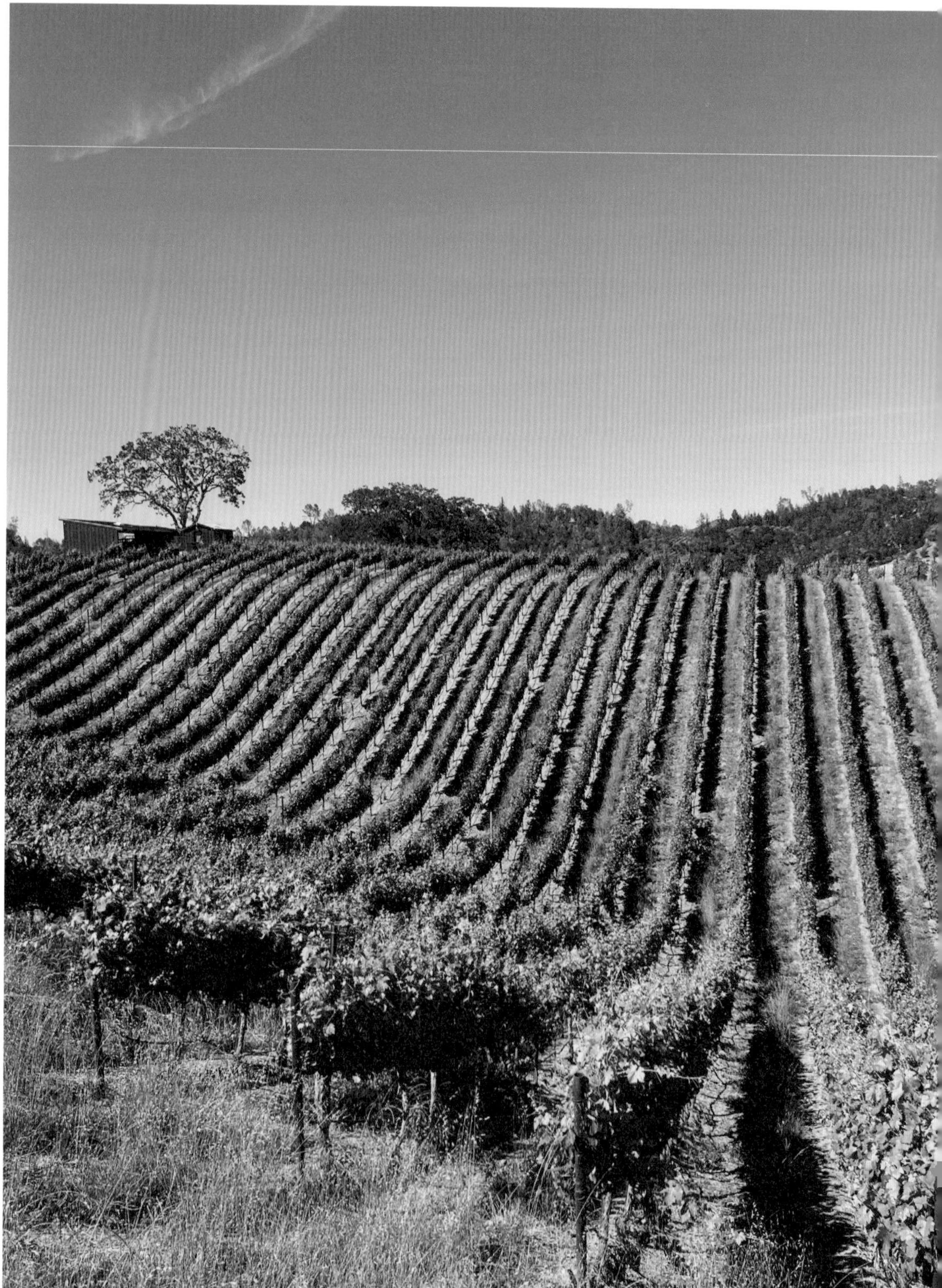

迷你散策

俄羅斯河谷這麼玩

我就偏愛暱稱月亮河谷（The Valley of the Moon）的索諾瑪，

集素雅、不羈、隨興、狂野和親藹於一身，

不只有酒莊佳釀，橄欖林、果園、農野、花圃、牧場齊聚，

大城小鎮加總，再將四季景致放入排列組合，

這下你明白，我為何總在這一帶神出鬼沒了吧？

☞ 希爾斯堡

整個索諾瑪郡，俄羅斯河谷一帶乃心頭好，更精準一點，從希爾斯堡沿河直到出太平洋海的詹納（Jenner），是精華。希爾斯堡是俄羅斯河谷最氣派的市鎮，索諾瑪酒鄉唯一的米其林三星 Single Thread 就位在此。小貴氣但不至高不可攀，是我依然鍾情於她的主因，雖不如以往生活選物愛店 SHED 尚未熄燈前，那般頻繁造訪，時不時總要回去踩踩那些長駐我心的點，比如 Preston Farm & Winery，不勝酒力的我，深深愛上的酒莊，從名字便可瞧出點端倪，家姓 Preston 之後，先是 Farm，然後才是 Winery。和納帕酒鄉動不動就高大上的堂皇富麗迥異，隨興不羈，素樸中有講究（原來女主人 Susan Preston 乃藝術家，莫怪），長駐九隻不怕生的肥貓，除了葡萄藤，還有一大片橄欖樹、果樹、核桃樹和菜園，甚且種麥子磨粉，柴燒窯烤產出天然酵種酸麵包，養雞、羊等，根本像個自給自足的伊甸園，別問我酒好不好？每次前往，總直奔雜貨間買蛋、菜與香草，偶爾走運，

可搶到主人出品酸麵包和酸黃瓜，年分橄欖油也值得帶，探買畢，好整以暇晃逛莊園領土，和貓咪眉目傳情，與雞仔微笑說 hi。六月時節到訪，可賞絕美紫藤花瀑布，備妥餐點莊園野餐，好不愜意。若是核果子季節，會順道在 Dry Creek Peach Farm 探個頭，撞上白桃上市，那可是中了水果樂透；偶爾也暫停 Dry Creek Flowers 鮮花路邊攤，帶束鮮花回家。盛夏到 Front Porch Farm 踩點（請參閱第 263 頁）；北邊 Trattore Farms 可品莊園自釀自產醇酒、橄欖油與風味醋，饞人饕客不分年紀、酒力，皆能盡歡；假如一門心思撲在品酒，標配專屬廚師的 Jordan Winery 是上選。

希爾斯堡餐廳雲集，舊店前腳熄燈，新館後腿跟進，可惜眾多良選僅供晚膳，務必先探聽。小旅行偏好悠閒氛圍，備怡人戶外用餐區的西班牙小酒館 Bravas Bar de Tapas，和講究食材的 Barndiva 很討喜，尤其後者花園景致，打遍鎮上無敵手；The Matheson 頂樓餐廳 Roof106，為戶外用餐增添幾許高級感；延聘 Noma 退役廚師掌舵的蔬食餐廳 Little Saint，環境舒心，食物亦有新意，全天候外帶熟食供應，全蔬食野餐張羅不費力；早上時段是烘焙店 Quail & Condor，販售法式手工麵包、糕點、簡食，傍晚搖身一變法式小館 Troubadour Bread & Bistro，專供純法荥套餐，是昔日三星餐廳任職的廚師西恩‧麥高飛（Sean McGaughey）顛覆市場實驗作；Black Oak Coffee Roaster 算咖啡店新歡；甜食句點王非 Noble Folk Ice Cream and Pie Bar 莫屬。

左｜ Preston Farm & Winery，能悠閒走逛，也值得預約野餐。
右上｜希爾斯堡的蔬食餐廳 Little Saint，值得踩點。
右下｜ Preston Farm & Winery 打盹的可愛肥貓。

紅木森林裡的 A frame 185

☞ 俄羅斯河谷沿岸諸小城

蓋爾南維爾（Guerneville）是俄羅斯河谷沿岸最大的小城，有田野茂林、沙灘曲河，嬉皮精神爆棚，恰到好處的規模，在這兒，時間似乎走慢那麼一拍。熱愛夜生活的都市派，不敢擔保能在此地過得如魚得水，但自然信徒絕對能過得樂不思蜀。此鎮生活機能齊備，是理想駐紮據點。Boon Eat+Drink 農場到餐桌新派小酒館，水準不錯；剛換掌門的雜貨小市集 Piknik Town Market，賣歐式簡食糕點與食材，是度假吃巧吃飽不傷荷包的穩健依靠，哦！別忘試試歐普拉最愛的比斯吉；Russian River Books & Letters 是很有點設計範兒的獨立書店；天氣晴好，不容錯過強森海灘（Johnson's Beach）；Armstrong Woods State 自然保護區，森林浴非常療癒。千萬別去各大旅遊指南拍胸脯強推、常駐 Safeway 超市停車場的墨西哥塔可餐車，糟透了！

如果可能，想每天早晨都從蒙特里歐（Monte Rio）的 Lightwave Coffee and Kitchen 展開，隱身森林，環擁社區花園與滑冰場，人人親善，餐點咖啡飽胃暖心，賴上半天不嫌久；佛瑞斯維爾鎮上的 Nightingale Breads，以柴燒火爐烘烤有機手工麵包，方圓找不到更講究的了；旅路上喝過最心水抹茶拿鐵，在俄羅斯河與太平洋接口，詹納小鎮上的濱海有機咖啡簡食小館 Cafe Aquatica，週末廣邀在地樂團助興，望海、曬夕陽、聽音樂、嘗美食，快意人生不過如此；不到百位居民的鄧肯彌爾斯（Duncan Mills），有著比例懸殊的商號食肆，鎮中心走復古風的購物賣場，謝絕連鎖，各家各具性格，不保證能挖到寶，但走逛過程絕對興味盎然。

俄羅斯河谷覓食不愁，但西菜主場，若台胃鬧起小脾氣，急需亞洲菜安頓撫慰，河谷邊陲城市塞瓦斯托波爾的 Ramen Gaijin 是解癮良選（請見第 189 頁圖）。

左｜Lightwave Coffee and Kitchen 旁的社區菜園，可以邊喝咖啡邊走逛。
右｜Bohemian Creamy 有做工講究的風味起司，值得一探。

加碼行程 最美的波希米亞人公路

「咱上波西米亞人公路（Bohemian Highway）遛遛吧！」偶爾興之所至，我會這麼提議。波西米亞人公路，就是如此深得吾心。串連蒙特里歐、奧瑟丹托和佛利史東（Freestone）三小鎮，全程堪稱十英里，馬不停蹄半小時能跑一遭，如要細品，一日都不夠排。區區小段路，能飽覽山岩溪壑、參天加州紅杉、綠裘草原與繽紛花叢，無比養眼，方圓值得停車造訪處，更是不計其數，譬如：佛利史東知名磚爐柴燒麵包坊 Wild Flour Bread，手工起司店 Freestone Artisan Cheese，以雪松酵素浴、鬆筋舒骨按摩和日本庭園聞名的 Osmosis Day Spa Sanctuary，知名香檳酒莊 Korbel Winery，祕境花園 Occidental Arts & Ecology Center。想來點刺激玩意兒，Sonoma Canopy Tours 的紅木森林高空索滑應能滿足所願。一路可打牙祭的地方也不少，多集中在奧瑟丹托，像地中海料理 Hazel、新派健康輕食暨雜貨店 Altamont General Store、專攻早午餐的 Howard Station Cafe，及之前提及的 Lightwave Coffee and Kitchen。

建築師布莉・艾普生

Taste Maker

布莉・艾普生（Brit Epperson）
建築設計工作室 Plow Studio 創辦人暨創意總監

Q1 請說說妳心目中舊金山理想的一天。

米迅區是我的地盤，心目中理想的一天，理當在此區展開。早晨上 Tartine Bakery 帶上早餐與咖啡，散步至 Dolores Park 享用，近中午再到 Bi-Rite 市場挑些野餐菜色，繼續在公園消磨，吸收陽光熱力，觀察人群，很有趣。之後在方圓內選家新餐廳打牙祭，這裡永遠不缺好選擇。

Q2 假設和在地旅遊公司攜手推出舊金山市設計一日行程，妳會如何規畫？

早上在太平洋高地（Pacific Heights）和阿拉莫廣場（Alamo Square）一帶徒步逛看，感受維多利亞式房子的優雅繽紛，在我眼裡，它們獨特又充滿魔力。接著在聯合廣場（Union Square）買杯咖啡，瞧一眼萊特大師在 Maiden Street 的作品。之後開車過金門大橋，造訪萊

特在馬林郡的另一手筆（請參閱第143頁），那絕對是北灣最吸睛的建築。這些是我覺得，總是很容易就被忽略的在地建築設計珍寶。

Q3 心目中灣區知名建築地標必訪清單有哪些？

除了上述提到的兩處萊特作品外，還有渡輪大廈、MOMA 及 de Young Museum，最後，金門公園（Golden Gate Park）也不容錯過。再來，舊金山市有所謂的 POPOS，Privately Owned Public Open Spaces，即私有公共空間，儼然像市中心的祕密露台花園，網路上可搜尋地圖，按圖索驥即可造訪。

Q4 請推薦妳經常造訪的設計／生活風格店家。

新開不久的 Sommer；還有舊金山的 March 我也愛，選物精彩。

Q5 喜歡分享的在地伴手禮是……

中國城的幸運餅乾，我也喜歡送朋友咖啡，譬如 Saint Frank Coffee 和 Lady Falcon 咖啡俱樂部。

Q6 請推薦幾個裝潢很棒的美味餐廳。

Tartine Manufactory、Osito、Del Popolo、Mister Jiu's 和 Moongate Lounge。

Q7 如果有一天搬離灣區，妳最念念不忘的會是……

說眞的，就只有食物會令我念念不忘。這城市的餐飲水平，眞的已達隨便丟顆石頭，都很難不丟中一家精彩餐廳、烘焙店或酒吧的程度。

Q8 給前來灣區旅人的貼心提點忠告。

可能的話，選一個靜美小區下榻，切實體驗那個在地小區的店家、咖啡廳和餐館。私以爲海斯谷、科爾谷（Cole Valley）、下太平洋高地（Lower Pacific Heights）、費爾摩街（Fillmore Street）、米迅，甚至日落區（Outer Sunset）等都相當精彩。比起城中區，這個城市的靈魂更能在這些小區裡體現。

Chapter 3

不在家，就在
找好食

的路上

春分紅豔芳馨的莓果子，染香一夏的蜜桃，
吊掛枝頭可愛如燈籠的纍纍秋柿，
點亮陰鬱冬季的熠熠柑橘，農家田園果樹植蔬禽畜，
好食在哪裡？我就在那裡。

旅路廚房，
身爲一個吃貨的堅持

「長濱早市距你住的民宿，約十分鐘車程，短短一條街，不少有趣原住民食材，記得留時間去瞧瞧。」吃貨兼廚藝練家子女友 Angel 在臉書私訊裡貼心叮囑。

疫情漸次趨緩，被生生耽誤六年的返鄉行，總算能好好坐下盤算。熬得辛苦，此回探親訪友之外，一家三口準備帶著媽媽來一趟公路小旅行。去台東這念頭，猝不及防跳出來，獲得壓倒性勝利。贏得輕鬆主因在於，闔家從未踏足，滿肚子好奇想一睹究竟，加上人在竹北心在長濱的 Angel，輕輕搧風點火，毫無懸念，拍板定案。

啊！長濱早市，這個我不知道該拿它怎麼辦的所在，想去，又不想去，絕非欲迎還拒，而是發自肺腑的角力掙扎。明明那就是一個橫看豎看，百分百與我神魂契合之處，一字排開部落媽媽（ina）和大叔（faki），布巾一鋪、塑膠方筐一擺，隨興擺排沾泥帶露在地野菜，藤心、輪胎茄、龍葵、箭筍、蕗蕎、木虌子葉、車輪果、樹薯、鳳尾蕨、長得像珊瑚的海藻、五花八門 Siraw（阿美族醃漬食品的通稱），件件是我這個城市俗沒見過的寶，光是瞅著網海打撈起的市集寫真照，都足讓我雙眼放光、心兒怦怦跳了，到底有什麼天大地大的理由，能讓我躊躇猶豫，不知如何是好？

「此番長濱行最遺憾就是，沒能租到獨棟附廚房的旅居，逛市場會手癢，沒有廚房，無法煮食，只能遠觀，逛來興致大減啊！」我如是回覆 Angel，不知她是否能感受到吾字裡行間裡的淡淡愁悵。

是的，廚房之於我，就是這般重要。撇開 A 與 B 之間，旅行中繼站的純歇眠打尖，算算起碼二十年，不曾入住傳統旅館或 bnb 民宿，那就是一種嘗過法國柏迪耶（Bordier）手工奶油，其餘就再也難入眼的概念。廚房是家的靈魂，至少，在我家，它是如此神聖不可替代，旅路歇宿處，想抵達英文「home away from home」（家外之家）的境界，無論如何，必需有一隅貢獻給廚房，不是安個迷你水槽，置上咖啡壺、烤吐司機和熱水壺就了事，而是煮興所至時，刀、爐台、砧板、鍋鏟能手到擒來，有餘裕煮鍋熱湯那樣的空間。真心話，若有哆啦 A 夢的百寶口袋，還真想把自家廚房折疊整齊，打包帶著趴趴走。一如金窩銀窩，比不上自己的狗窩，度假居所走廚配備，再如何無敵高級，都比不上自家領地來得熟門熟路，身手施展自在從容，更何況，撇開少數佛心例外，假期租屋煮食機絲，多半聊備一格，沒遇上鈍刀破鍋歪瓜劣棗，就要掩嘴偷笑。話是這麼說啦！但我承認，有得廚房使，還是勝於無。

換個角度想，其實，遠離閉眼都能起鍋煮水泡茶的自家烹飪主場，也別有一番大解放的意味，感覺連呼吸的空氣都是自由的，彷彿可聽見灶神在我耳邊輕聲低語：「拋開腦子內建的所有飲膳規則，不批判，不評比，用手上現有，做出溫飽的一餐。」這一轉念，竟感到莫名興奮在蠢動。旅行，不就是要隨遇而安，安之若素？將那些日常三餐必得營養幾霸分、色香味俱俱全、每日必需服用彩虹色系果物蔬食等等的自限框架，暫時都拆掉吧！把「晚餐以法國吐司淋覆盆子薰衣草醬和法式酸奶油裹腹不成體統」、「甜點當正餐吃太墮落」、「中餐以番茄切片、黑胡

椒和美奶滋三明治打發真隨便」等，諸如此類嚴厲無情的自我譴責，全給拋諸腦後。這個假期就好，活得鬆脫恣意，放飛後重返日常，保證世界依然老僧入定地運轉。

雖說兵來將擋，見招拆招，乃旅路餐膳最高指導原則，但攢多了上路經驗值，深感適度未雨綢繆、有備無患亦是好的，畢竟人生嘛！總有被殺個措手不及的時候，Plan B 就像是幫自己買的旅行快樂險。無論公路或飛行，行李箱加減備上慣用調料食品，譬如：風味鹽如茴香鹽、全能貝果風味鹽（anything bagel seasoning，食譜請見第 29 頁），或任何手上現有的香草鹽，CP 值無敵高，煎嫩蛋、烤肉、湯品或沙拉醬汁等，都是能大展身手的菜盤；一小包快煮易飽足、怎麼煮都好味的紅扁豆（red lentils），隨意蔬菜湊合起來煮鍋湯，嘩啦啦傾倒適量，起鍋撒香料鹽，就算無肉料加持，也能吃得溫身暖心；一袋出發前鮮烤的蘋果派香料椰香穀類麥片，早膳良伴，兌調鮮奶或原味優格，綴飾季節果物，弄得到在地生蜂蜜，便淋少許，美味得來全不費工夫；燕麥片也是欽點班底，尤其颯然冬日，連倚著爐台耐心攪煮一窩熱粥都是幸福；少不了幾片私愛 bean-to-bar 巧克力，果乾如日本柿乾和椰棗（dates），是稱職零嘴，亦可止飢，切小塊散在燕麥粥上是奢華慰藉，心血來潮還能變身有模有樣飯後甜點；袋裝杏仁、核桃堅果泥不占空間，也塞幾包；一保堂即沖抹茶是旅路退而求其次之選，沒辦法，手沖抹茶琳瑯配件，著實令人卻步，也許哪天和松浦彌太郎先生一樣，也擁有一支長谷川真美木茶勺，便足以讓我心甘情願把機絲帶出門。需飛行抵達的出遊，行李重量受限，打包吃食得拿捏好分寸，公路旅行有一整後車廂能填，絕對大手大腳不手軟，下榻時間長一點，有時連主廚刀、十吋平底鍋都扛上了。

祕密武器，最是倚賴且無比全能的，非烤得金黃酥香的旋轉烤全雞（rotisserie chicken）莫屬。這菜不僅深入每個家庭廚房，

也攻陷歐美各地超市熟食店，不知怎麼搞的，價錢竟比鮮雞還漂亮，據說是誘餌來著，用來吸引客人上門消費的帶路雞。平時我鮮少光顧，旅路上特別感恩有這些烤雞的存在。吃膩外食、旅地合意餐廳選擇有限，或純粹就逛市集時忍不住手癢採買鮮蔬美果，只得鑽進廚房一番搗鼓，把食材整治成五臟廟祭品，而省時省心省力還省銀的主菜，當屬油滋烤雞。雞翅雞腿卸下，一家三口分食正好，再來道季節沙拉，如蘿勒祖傳番茄佐布列塔新鮮起司淋橄欖油，飯後不想費周章，農夫市集鮮果洗切擺盤就夠嗆，慢食教母愛莉絲‧華特絲的柏克萊旗艦餐廳──帕尼絲之家，就曾以一顆千挑萬選的黃桃作為飯後甜點呢！剩下不那麼討喜的雞胸肉剔淨，以洋蔥、紅蘿蔔或西芹，文火煨成清雞汁，熄火濾湯前，儘管投擲新鮮香草。速成雞湯和雞胸肉，作夥煮鍋鹹燕麥粥或紅扁豆湯，這不又輕鬆解決一餐？

倒是呢！若台東行能如願入住廚房任你用寓所，除開早餐，前述西式旅路煮食步數，似乎無啥用武之地耶！屆時扛不住誘惑，把山蘇、奧運蟹、蘆葦心拎回去，可怎麼整治好？山豬老師呂縉宇接受《天下雜誌──微笑台灣》季刊探訪時說：「逛市場時，無論什麼食材，老闆總告訴你：『用熱水燙就很好吃了！』這是沿襲阿美族人在山中工作的習慣，採集到什麼就丟進大鍋裡，一把鹽巴熱水煮開，沾取辣椒醬油，就地品嘗食材原味。」聽來真真合我意。哦！當然，也決計不會漏掉部落媽媽們，凌晨天色未透，摸黑起灶開鍋蒸糯米，手製誠意滿盈的 toron（麻糬）和 hakhak（糯米飯）。走筆至此，齒頰又汨汨生津。這回就權充探路，據說台東土地會黏人，我已做好遠距離戀愛的心理準備。未完待續的下一回，非得找個有廚房的旅宿不可，握拳。

Simple Recipes on the Road

旅路簡譜札記

酪梨吐司

一直搞不懂，爲何有人願意點這道不需廚藝就可搞定的小食？剛好熟軟的鱷魚皮酪梨（Hass）去核去皮切片或搗泥，置烤酥吐司上，灑風味鹽，淋初榨橄欖油，營養美味三分鐘手到擒來，最難其實是，手上剛好有完熟酪梨。

基礎紅扁豆湯

起油鍋爆香西洋三寶之洋蔥、紅蘿蔔及西芹丁，香氣四溢時放入紅扁豆略炒，注水煮至滾，轉小火悶煮至紅扁豆胰軟鬆散，起鍋前入綠葉蔬菜，有的話，磨起司，丟香草，能添些肉料（烤雞雞胸肉、熟香腸或火腿之屬）當然風味更是破雲霄。最後，以海鹽或風味鹽調鹹淡。

極簡沙拉醬汁

我的沙拉致勝法寶乃多汁甜滋的季節水果，有此味坐鎮，再來點海鹽、初榨橄欖油和檸檬汁，隨意張羅些生菜，一點也不覺得在嚼草。

速手巧克力脆殼冰淇淋

取一鍋具小火融化一大匙椰子油和六十克左右巧克力丁，攪拌融合，傾淋於備好冰淇淋球上，椰子巧克力醬遇冷結成薄片脆殼，差不多是脆殼雪糕的概念。

食譜

季節水果佐酸奶、優格或冰淇淋

季節水果處理畢。取一小碗盛上優格、酸奶或冰淇淋，鋪排上水果丁或切片，就很理想，也可視手上有的食材，淋上蜂蜜、楓糖漿或灑上穀麥片、餅乾或巧克力碎，賣相更唬人。

初榨橄欖油＋海鹽花佐冰淇淋

古早以前，在舊金山米迅區義大利餐廳 Beretta 初嘗便傾心，聽來萬般狐疑，卻是豔光四射的絕配，事實上，這道甜點至今仍屹立餐廳菜單不動如山，可見其魅力。切記，冰淇淋口味單純為佳。

煎嫩蛋裹起司

蛋打散，調入一小匙水，起油鍋，將熱未熱之際倒入蛋液，轉小火，不停攪拌，直到蛋濕軟膨鬆如雲朵，裹入起司絲，盛盤，撒上海鹽或風味鹽。

自由發揮燕麥粥

備妥一袋混有果乾、香料（如肉桂、小荳蔻、芫荽籽）的快煮燕麥（quick cooking rolled oats），食用前加水文火煮稠，上頭添當季水果片、堅果碎和種籽，講究些再淋上蜂蜜或楓糖，速手早餐營養美味可不含糊。

吸一口煙火氣，
呷一嘴故事

總的來說，東灣生活的這四年過得還不錯。

二〇一九年少爺小查高中畢，揮揮衣袖遠赴多倫多求學。人生進入空巢，傷春悲秋感懷難免，但也不是沒有光明面，終於可以不受學區牽制，擺脫租賃生涯，唯一不美是灣區房地瘋漲，家無恆產兼阮囊羞澀如我輩，得遠眺再遠眺，才得零星窺見尙付得起的價碼，和老爺算盤一陣撥打，如果不往南，只剩東灣勉強有得挑，不幸中之大幸，老爺公司配備交通車，免去自行通勤之苦。積極物色半年，在奧克蘭南方小城聖里安卓（San Leandro）一花木扶疏小區，搶到配有大廚房和小院落的老宅一棟，格局方正，居室敞亮，住來就像穿雙不必馴服不咬腳的嶄新愛鞋，舒服自在。

遍地好食，是另一個過得還不錯的關鍵。家宅地理位置甚佳，和半島聖馬丁有異曲同工之妙，中心樞紐，四通八達，舊金山城也僅海灣橋（Bay Bridge）之隔，但老實說，坐擁大東灣諸城小鎮，半點不想深陷車陣巴巴入城，尤其十來分鐘可抵的奧克蘭和柏克萊，近年拜舊金山生活物價狂飆之賜，接收一拖拉庫市區移民（其中又以奧克蘭爲大宗），不乏藝術創意擅庖廚之士，很是拉抬東灣餐飲吃食圈，整個生氣勃發起來，餐館食肆一浪接一浪開張。每週一兩回外食嘗鮮獵味，不愁沒潛力候選，更別提口袋裡愈攢愈長，值得時常回顧的舊愛名單。

與被坐領股票多金科技人攻占的舊金山市迥異，東灣奧克蘭仍處破敗與簡雅、簇新和老舊、殘缺與完善之間，推擠角力拉鋸著，難能預知未來會是華麗變身如紐約布魯克林，還是回歸終難洗白的頹唐本色，但不可否認的是，這段板塊震盪挪移的過渡期，自有一股近似破蛹前的煥發生命力，引人捲袖摩拳，鼓起豁出去一拚的蠻勁。既是為爭口氣，要想出人頭地，自然絕少主打世界主流美食，如法義料理的氣派富麗餐廳，參差不絕奮起的，是一家一個樣，奇巧罕見的邊陲小眾區域型吃食，疫情封城意外帶來洗牌效應，為這股小而美的個體戶單飛食潮，添了柴薪，真格是危機便是轉機，財大氣粗家底厚的餐廳，按著州政府規定暫時歇業，短期還是扛得住，逼急了便解僱，精省人事成本，小門小戶食肆店家沒本錢任性，加上一批批失業廚子，還是得付帳單養家活口，大約是巨大悶燒壓力，激出潛能與勇氣，移居灣區近二十年頭，從未見過飲食版圖如此這般遍地開小花的盛況。亞洲菜無疑是搶灘佼佼者，韓、日、越、泰、寮、緬、柬、新、馬、菲（台灣差點摃龜，感謝有 Good to Eat Dumplings 撐大局），傾巢而出，小吃街食紛紛出籠；中南美洲也不落人後，墨西哥、阿根廷、薩爾瓦多、牙買加跟進分食大餅，快閃（pop-up）、餐車（food truck）絡繹不絕地發動，仙女棒似的在城市裡閃耀出自成一格的微光，較之輝煌絢燦難得幾回的煙火，我剛好喜愛親切討喜仙女棒，嗯，要說是怪胎，我也不反對。

不知道是透過飲食更了解自己，還是更了解自己之後，只想順應心性，覓想吃的食，且暫不考究，漸漸對追「星」失了興致是真，憶不起上次興起「嘿！咱們這週上法國（也可任選歐陸國家代入）餐廳打打牙祭吧！」這般念頭，是何年何月的事？倒

右上｜奧克蘭主打新加坡潮州菜系的純蔬食餐廳 Lion Dance Cafe，極有水平。
右下｜Soba Ichi 的手工蕎麥麵是東灣一絕，配菜也不馬虎。

是隱身巷弄的街食小館，總能讓我浮想聯翩，恨不能插翅飛撲一嘗為快，若說從此對高級餐坊斷了念想，也太矯情，吉時良機若可得，也是樂於換上一身正裝，接受洗禮薰陶，只是再無那種用盡洪荒之力，非擠進門一探究竟不可的積極。如果說星級料理是出世的震撼，街攤食店便是入世的溫暖，而我，對後者似乎永無饜足的時刻。故儘管對疫情引起的動盪感到焦慮無奈，但英諺有云：「每朵雲都鑲著一道銀邊。」（Every cloud has a silver lining）意謂再如何不濟不堪不幸不喜的暗黯境遇，邊緣都鍍著一圈淡淡光暈，在我眼裡，灣區飲食界的板塊挪遷移徙，不再強者獨大，正是那朵巨大如義大利蕈菇的疫情烏雲邊邊，鑲著的幽微卻堅定的細銀邊。

這些來勢洶洶的地區料理，湊進盈鼻煙火氣，口口是享受，卻每每在清空盤皿之前，一股強大失落忽地襲來，唯有盤算何時再光顧那一刻，心才驀地清朗明亮起來。賣吃食，好吃固然是王道，但我隱隱感覺，如是強大的吸磁力並不一般，抽絲剝繭耙梳思維，除了飢餓胃囊渴望被填滿，情感上，這些多數來自這輩子可能罕有機會踏足的他鄉異地常民喫食，似乎某種程度帶來無以名狀的情感慰藉，或許是離家背井，深耕他國，致志生活的相仿情愫作祟。這些一訪再訪的商攤店面，乍看各具姿態樣貌，細究有志一同，直截純真接地氣，特別擅長將掌廚人過往對故食鄉味的幽遠記憶、綿綿情絲與無盡念想，悉數交揉混拌，塑型在一道道細品得出故事來歷的料裡。哦！千萬別問地不地道。我的回答只能是聳肩攤手。一如人與人的遇見，幾句話便知對不對頻，對的人，你不會在乎其來歷、身分、地位、膚色；幾口見真章的食餚，我只管它可不可口、是不是叫我魂縈夢牽。

到不了的地方，就用食物吧！老梗，但確是好梗。屁顛跟著小館食肆，以味蕾闖遍大江南北。心中的命定墨西哥蒂華納塔可

餅（Tijuana Taco），讓我見識到墨西哥國民小食的厲害，食材簡單，道道是功夫，拔尖塔可必需得有晨起醃肉、混玉米麵糰（masa）和鮮拌紅綠莎莎醬汁等標配前置，輔以現場現點現烤現包方可得，與之相較，美國連鎖店塔可貝爾（Taco Bell）簡直孩童扮家家；一個轉身，被寮國、泰北料理酥炸米香沙拉（Nam Khao Tod）迷得失魂，辛酸鮮辣，酥香軟韌層疊滋味口感，入口像一記重拳迎面襲來，舌尖彷彿有彩虹火花四射，從此成菜單上每見必點的費工小菜，這菜還激起向學心，囫圇惡補早還學校多年的東南亞地理；另道風味殊異，卻同樣有霸氣存在感的前菜，是來自緬甸的發酵茶葉沙拉（Laphet Thoke），拌料普遍，通身魔幻全鎖在一灘不起眼的黝綠醬泥裡，獨一無二，言語難描的神滋妙味，是經月發酵茶葉在發功；嘿嘿！怎能不說到越南菜呢！恆常心頭好，初嘗以香蕉葉裹得嚴嚴實實的糯米鹹糕（Bánh Tét）才驚覺，原來越南也過農曆新年，這糕乃必備年料，切厚片煎至金黃赤色，糯米外酥內軟黏，搭著綿密綠豆仁的微甜，襯墊出滷肉鹹香，心裡泛起嫉妒漣漪，大聲吶喊：「也想過年吃這味啊啊啊！」萬沒想到，在鄰城便可享柬埔寨國菜阿莫克魚（Fish Amok），馥麗芳馨高棉咖哩香料與椰奶魚鮮慕斯攪和一起，填入蕉葉盒子，蒸至香氣四溢，十足惹味下飯；令人驚豔，不輸正統版本的新加坡純素叻沙（Laksa），僅限奧克蘭獨有；還有族繁不及備載的韓國有機手工豆腐與時蔬飯饌、手工蕎麥麵、御好燒（Okonomiyaki）、北印度街食 Chaat 等等。

「到男人心裡去的路通過胃。」張愛玲《色戒》裡王佳芝內心謎之音。我想，不止男人吧！對愛吃俗女如我，繁花若錦的街食小菜家饌，激起心底對遙遠如月的國度，時洶湧、時澎湃的想望好奇，興許吃著吃著，哪天真就包袱款款上路去，看看到底是什麼樣風土山川海域，醞釀將養出如此令人食之神往的料理。我猜，我不會失望。

清單

灣區小館食肆口袋名單

1.Good to Eat Dumplings

灣區少數吃得合意舒心的北加新派台菜，主廚佟寧（Tony）來自台中，二〇一五年，快閃餐食起家，如今在安默維爾（Emeryville）有了屬於自己的空間。志在以食物分享台灣料理的匠人精神和獨特人情味。靈感取材雖循自傳統台味，卻總能演繹出別番新意，菜式清新可喜。週日限定，廚師佟寧和夥伴們，使出渾身解數推出的台味套菜「呷飯未」（Ja Ban Bae）尤其特別，溫暖接地氣的空間及服務，品享比週間更精緻搞剛的料理，是難得新派台菜體驗。

2.Funky Elephant

目前嘗過最心水的酥炸米香沙拉，就隱身在這位於柏克萊的個性泰國小館裡。菜單迷你，更新頻，大抵因此菜色品質掌控頗優，少踩雷，嚴格說來，是免不了沾染北加味的泰菜，但美味勁道還是足的，於我，這才是重點。

3.Soba Ichi

手工地道蕎麥麵，灣區排名妥妥前三。戶外用餐很有 fu，除蕎麥麵外的菜單，幾乎週週調整，水準整齊，我總挑有彰子手作雪媚娘（參閱第 99 頁）上檔的日子去，一石二鳥，雙倍滿足。

左｜離家徒步十分鐘可抵的新派越南菜餐廳 Top Hatter，是我的心頭好。

4.Lion Dance Cafe

我心目中最有滋有味，食畢不空虛，令人無肉亦歡喜的純素餐廳。新加坡潮州菜爲主軸，同樣搭配以在地新鮮食蔬，所有調味醬料幾乎百分百自製，是其勝出之處，無坊間烹調匠氣。他家叻沙眞眞是一絕。

5.Dosa Point

從半島帕羅奧圖一路追隨，東灣柏克萊的 Viks Chaat 雖享有盛名，試了三回不入心，宣告放棄，所幸 Dosa Point 北遷，離我就隔著海灣，過橋可抵，菜單頗澎湃，難得的是尚未踢鐵板，但吾之最愛仍是南印國民美食，邊緣香脆內裡柔軟的發酵米豆煎餅（dosa），也是無肉亦歡的常民料理。

6.La Parrilla Loca 路邊餐車

心目中最銷魂，食之撫腹瞇眼大滿足的墨西哥塔可餅，沒有之一。走的是新崛起蒂華納路線，初嘗試若心中無定見，建議點炙烤牛肉起司塔可餅（Carne Assada Quesa taco），上癮別怪我。週末人龍很正常，IG 讀者表示，不時迢迢從中河谷專程前往解癮。

7.Top Hatter

自家附近米其林推薦加州新派越菜餐廳，支持在地有機小農，勇於嘗試非正統越南菜色，調味水準有功力，至少很對我胃，倒是疫情後，價格飆得快了些，抓到點菜訣竅，可吃得盡興，又不至荷包失血。

8.Zareen

住半島時固定造訪的巴基斯坦／印度
家常餐館，溫暖氛圍，鮮眞食材，誠
實料理，一如家裡餐桌上會出現的菜
式。療癒心與胃，是其引人一再回訪
的主因。

9.Hết Sảy

一對非餐飲科班出身的夫妻檔，憑著
對手作好食與故鄉湄公河三角洲的熱
愛，從快閃起步，到南灣農夫市集擺
攤，一步步朝著籌備小店面的目標邁
進，坊間絕對吃不到的越南菜式，就
算根基傳統，也總揉入廚師的妙思創
意。舊曆年通常會推出整條糯米綠豆
泥鹹糕，值得鎖定。

10.Back A Yard

追隨歷史最長的牙買加料理。從僅有
東帕羅奧圖（East Palo Alto）一小店，
到如今在灣區展店五家，並推出特調
醬料上架銷售，品質穩定，價格平實。
在造訪無數次經驗裡，滋味始終如
一，是忠誠追隨的關鍵。

11.Tay Ho Oakland

東灣走較爲傳統路線的越南菜餐廳，
菜色調味講究有水平，用料新鮮，分
量不多不少，亦理想，一食成主顧。

職人帶路

主廚佟寧

Taste Maker

佟寧（Tony Tung）
Good to Eat Dumplings 台灣小館主廚兼 1/2 老闆

Q1 請說說妳心目中東灣理想的一天。

理想的一天不外乎起床吃頓豐足的早餐，再去海灣邊散步或走逛 nursery。中午從東灣無數美味的選擇裡，找個地方吃好料，下午巡農夫市集或超市（東灣 Berkeley Bowl 很經典），找家獨立精釀啤酒廠，小酌聊是非，感受一下社群脈動，傍晚再殺到海灣看日落。

Q2 假設和在地旅遊公司攜手推出饕客吃喝玩樂一日行程，妳會如何規畫？

來推薦一下不那麼觀光的行程，柏克萊北邊艾爾巴尼（Albany）算新興小城，旅客不多，主街進駐不少個性店家，足夠悠閒過一天。首先，到可愛的 Flowerland 園藝店附設的 Highwire 咖啡買杯熱飲，邊品邊走逛，吸收芬多精，中午到 Picnic Rotisserie（好友 Susanna 和 Leslie 主理）買份鮮作簡食午餐，再上奧克蘭起家香料店 Oaktown Spice Shop 在此地的分店聞香，大眾罕見香料應有盡有，推薦其鮮味鹽（Umami Salt），無敵好用。接著再到附近迷你選物店 Morningtide 瞧瞧，有許多在地獨立工藝家作品，如果能趕上店外經常舉辦的各式快閃活動，就更有趣了。

Q3 除了 Good to Eat Dumplings，請推薦其他特別值得一試的亞洲餐館。

柏克萊的 Great China，烤鴨和兩張皮是經典；Lion Dance Cafe 素叻沙是一絕；Aburaya 必點招牌炸雞；Jo's Modern Thai 季節頭盆涼菜和自製咖哩醬的咖哩菜色有水準；Soba Ichi 手工蕎麥冷麵沾各式醬汁，從不令人失望。

Q4 特別喜歡的烘焙糕點店是……

雖非烘焙店，但我真喜歡柏克萊以在地、季節和細緻感聞名的 Standard Fare 出品的糕點，主廚 Kelsie Kerr 的功力一流。Patisserie Rotha 的經典法式可頌很不錯。東灣 Bake Sum Bakery 和 Sunday Bakeshop 的亞洲味鹹點，我也是主顧。Boichik Bagels 有最讚的紐約式貝果，再不用飛紐約解癮了！

Q5 最愛的灣區伴手禮是……

位在東灣里奇蒙出品的小眾酒、在地精釀啤酒及蒲公英巧克力。

Q6 如果有一天搬離灣區，妳最念念不忘的是……

新鮮食材的多樣性，以及這裡的社群對多樣化的包容與興趣。

Q7 給前來灣區旅人的貼心提點忠告。

放慢腳步，多去在地人出沒之處，感受當地的味道跟精神。

我與橄欖（樹）的
愛情長跑

前院圍圃花草全數入土植畢約半年光景，和設計師派瑞先生約了一番巡禮，簡單盤點，該移該除該換的，可配合後院種植時程一併操辦。紫藤花、橄欖樹、聚合草、觀賞蔥、西洋蓍草、鳳梨鼠尾草、爬地百里香等都長得神氣活現，唯獨露薇花和假馬齒莧，移居後一副生無可戀的頹靡模樣，夏天沒撐過便香消玉殞。派瑞先生扒耳撓腮，面露不解，神色略憂傷。「幾十年來，這些花對我，儼然隨時候傳、兩肋插刀的老友，如今竟然踢鐵板，有種被背棄的感覺。」莫非又是氣候暖化這個大魔王在作怪？我問。派瑞先生點頭，「我想不出其他原因了。前不久才讀了《紐約時報》報導，說灣區霧量正靜默流失，此對耐旱花卉植草來說是硬傷，其之所以堅忍耐旱，全靠海灣瀰漫的霧氣成全。大自然這環環緊扣、無比精密的生態系統，一處掉鏈子，勢必引起連串骨牌效應。「看來我得再培養另一批戰友了。」派瑞先生打趣說，試圖樂觀面對暖化這個比白雪公主後母還難捉摸的未爆彈。

對地球暖化議題，我是徹頭徹尾的悲觀主義者，能做的就是，如常回收減塑惜源，盡人事聽天命，其餘多想無益。果斷決定不糾結在這個找不著線頭、糟亂錯綜如鳥巢的毛線團裡。與之相較，派瑞先生的戰友理論，毋寧更讓我感興趣，這是從未想過的命題。我於是聯想：對天天混跡廚房的我，有沒有哪個物事，是如同過去的露薇花之於派瑞先生般，形如左臂右膀的存

在？純釀醬油或是初榨橄欖油（extra virgin olive oil）？我在兩個候選之間舉棋不定。以為中式料理調料天后醬油，會無懸念勝出，遲疑不過兩秒，心的天平傾向那洋氣十足的地中海料理傳奇食材。絕不是醬油不好，怪我太愛橄欖。我想，這輩子再也找不到像橄欖一樣的食材，能餵養口欲，還充滿靈性，渾身滿是傳奇與故事的植樹了吧！如果有來世，想化身一橄欖樹；至於今生，只能在前院種上一棵法國橄欖樹聊表心意。

對橄欖的愛日漸深厚，但與橄欖的緣分，卻姍姍來遲，是直到北漂念書奔向職場，仗著「媒體採訪」這張萬用邀請函，一腳踩進如萬花筒的繽紛飲饌世界時，才得識這在歐洲有著巨星地位的油品。也不是一嘗便天雷勾動地火的癡狂愛戀，更像潤物細無聲，神不知鬼不覺就被點滴滲透收服，回過神，初榨橄欖油已大方駐紮在我家廚房一隅。不否認，一開始特意交好親近的動機並不純粹，誰叫初榨橄欖油如此資優？一身王者風範的學霸食材，在當代長壽飲食代表「地中海型飲食」（Mediterranean Diet）裡獨領風騷，戴上這麼一副「地表最營養」的玫瑰色眼鏡睇橄欖，橫看豎看無一不順眼，情人眼裡出西施差不多是這麼回事。

漸漸地，精心圖謀化為心悅誠服，一頭栽進那有時燦金如陽，有時青碧似湖的純油汪洋裡。愈是了解，愈是替橄欖感到萬分委屈，明明是深具底蘊，曖曖內含光的實力派，卻老被定位於除一身營養別無其他可說嘴的偶像明星，實在冤枉。說真格，再怎麼滋養，缺少相得益彰的麗質風味，終究難讓人愛入心。沙拉是我與初榨橄欖油的最美初相見，滿盤青綠鮮蔬，雨露均霑地裹上一層鹹酸微甜中，透著幽微青草香的風味醬汁，苦澀土氣瞬間盡失，簡直像《龍鳳配》（Sabrina）裡，巴黎過水後

右｜再也找不到像橄欖一樣的食材，能餵養口欲，還充滿靈性，一身傳奇典故。

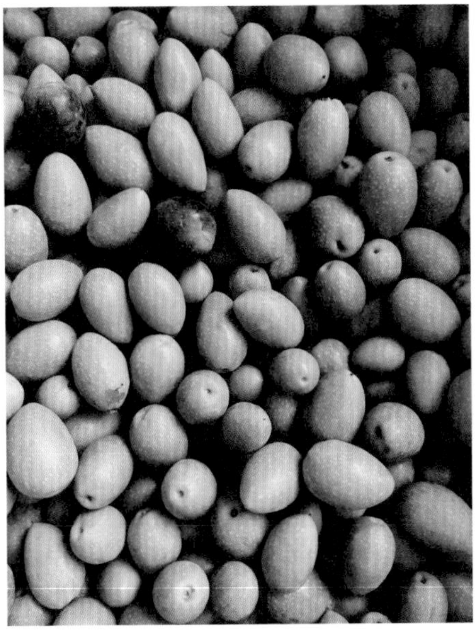
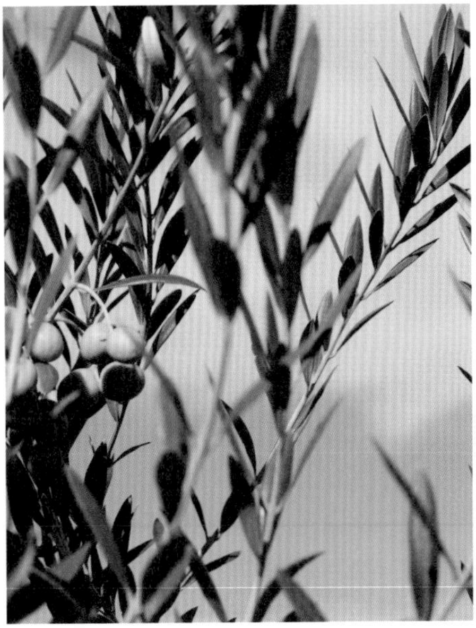
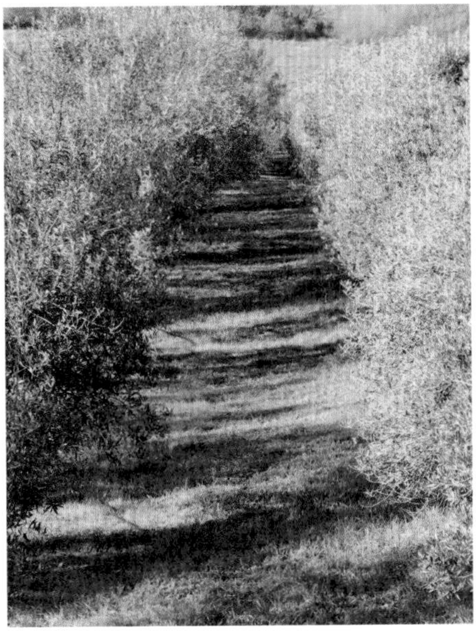
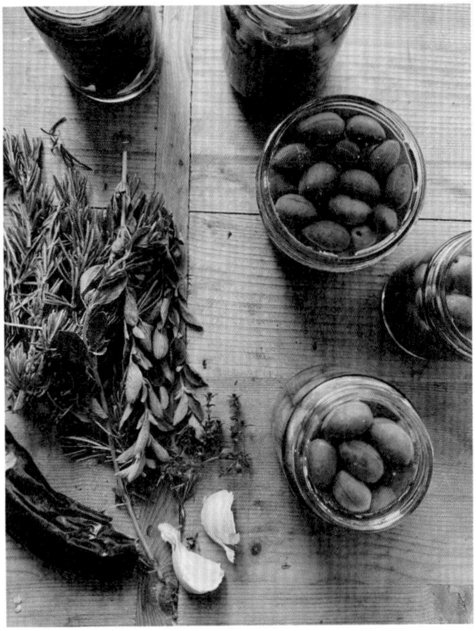

的奧黛莉‧赫本，優雅閃亮，過往吃沙拉像嚼草的井蛙成見拋諸腦後，咔滋咔滋開懷大啖。如果初榨橄欖油能點「草」成金，那還有什麼料理不能搞定？我如是想。肥起膽子，豪邁將入廚用油全數汰換。和台灣慣用精煉無色無味耐高溫蔬菜油，截然不同性子，初榨橄欖油不擅長犧牲小我，成全大我，互相幫襯是和美相處之道，選擇風味低調的溫和派橄欖油，就算直覺不搭軋的中菜，也能處得和樂融融。仰賴橄欖油煎煮炒滷多年後，酪梨油、葡萄籽油什麼的，一概變得索然無味。

初榨橄欖油繼續在我的小廚房攻城掠地，此番轉戰烘焙場域，雙手插腰，雄赳氣昂地對著糕點欽定天后無鹽奶油叫板嗆聲呢！鹹點烹飪界常勝軍，染指甜點國度，雖稱不上攻無不克，倒也不乏出彩表現，風味且不提，奶油單挑初榨橄欖油，就像蘋果比橘子，毫無意義，倒是奶油再全能，初榨橄欖油自有其難以望其項背的優勢，拜室溫長保流動質地之賜，烤出的蛋糕通體彈實軟潤，保濕力驚人，特別經放，是說如果沒在第一時間搶食一空的話。難忘初嘗橄欖油蛋糕，舌尖生花的驚豔，那是個秋意蕭蕭的週末午後，烏雲在灰濛天空滾動，如吸飽水分的海綿，感覺隨時要撒潑翻臉，不宜外出，卻是烤蛋糕良辰，好奇嘗試的橄欖油紅蘿蔔蛋糕驅走陰霾，地中海氣息在脣齒間彈跳，原就偏好扎實質地甜糕的我，徹底被征服。

數年前一明媚夏日南法行，位呂倍龍山區（Luberon），中譯名為無比逗趣的屈屈龍（Cucuron），將我對橄欖油的喜歡，進一步膨脹成對橄欖樹的意亂情迷。屈屈龍是個只要一閃神，就容易呼嘯而過的袖珍村落，卻是我的普羅旺斯回憶裡最濃墨重彩的一筆，念念不忘小鎮廣場中心，法國梧桐環繞的古意方形水池，婆娑樹影倒映其上，盛夏金光像音符似的在水面跳躍，人間仙境不過如斯，如果可以，真想在此地長留永駐，可不說再見，怎能邂逅下一片深邃翁綠的古老橄欖園？這村子小

歸小，仍是鬼打牆般繞數圈，幾乎要宣告放棄時，眼睛一亮，Oliversion Moulin 招牌不就近在眼前？循兩排落羽杉簇擁的碎石路緩進，禮坊兼品油室就在路盡頭。櫃台後青春正好的接待小姐，見來客笑得眉眼彎彎，一口流利英文，聽得我簡直要喜極而泣，南法啥都好，就是聽見英文，頭就搖得像波浪鼓，一路比手畫腳，憋慘了，顧不上自個兒英文也是坑坑疤疤，他鄉遇故知似稀里嘩啦聊將起來，初榨橄欖油、醃漬橄欖、普羅旺斯經典橄欖泥醬（tapenade）來者不拒，開懷試吃，猝不及防地，就被法國品種皮丘林橄欖給電暈，和灣區主流栽植，志在榨取油脂的西班牙、義大利橄欖樹品種相較，是截然不同的風味，不那麼飛揚跋扈、強悍辛辣，更像法國給人的感覺，優雅細緻，一嘗鍾情，顧不得老爺明示暗示，扛了半箱不止皮丘林製品返美。

徵得主人同意，在這百年橄欖園間散漫悠晃，看著一排排靜定屹立的崢嶸老樹，對比記憶中走訪過的灣區橄欖園，那些還正值花樣年華的小年輕們，驀地有種和徒子徒孫交好多時，此番終於得以拜見修為內蘊皆更上層老師父們的心情。在普羅旺斯註冊商標的蔚藍晴空下，一片望不見盡頭的橄欖園裡，我凝神直視老樹們健碩粗壯的枝幹，那渾然天成的扭曲交纏，被炙陽鍍上光暈，青碧泛銀白的細長橢圓葉片，隨風翕動，時空貌似靜止，我卻彷彿能諦聽到這群見證荏苒歲月、榮光滄桑樹爺爺們在風裡竊語呢喃，想探索橄欖樹的欲望騷動撲騰，大抵從那刻起，橄欖油於我，不再是單純入廚做菜的依賴，而是更為精神層次的信仰。

橄欖樹之於地中海國度，宛如呼吸吐納一般地位，橄欖油不負「液體黃金」威名，既是良食、維生燃料、治病藥材，還能潤膚美肌添香、避邪除穢，渾身掘不盡的豐盛礦脈，蘊藏道不完的歷史典故神話傳說，最愛的一則，莫過於希臘神話裡，海王波

塞頓與智慧女神雅典娜相爭一座領地城邦，決議由兩人分別賜予城邦一件禮物，誰的禮物實用，就能成為守護神，海王三叉戟朝巨石一擲，一匹雪白雄赳戰馬，從裂縫間昂首長鳴，飛奔而出，象徵戰力與勝利；雅典娜則以長槍刺入大地，一株結滿果子，蓊鬱青蔥橄欖樹卓然挺立蒼穹，象徵和平與富饒，比起戰馬，人民毋寧更嚮往歲月靜好，雅典娜勝出為守護神，領地亦正式命名為雅典。橄欖樹終結兩神之爭，橄欖枝代表和平與希望；奧運會贈與傑出運動員的橄欖枝桂冠，是至高無上的榮耀。每多了解一分，對橄欖樹的愛敬就愈發深濃。

身為鐵粉，我時時關注著日常與橄欖的可能交會，大抵是卡內基心理學說的「視網膜效應」，當開始在意一件物事，它便彷彿無所不在。我將橄欖樹放在心上，四面八方邀約便紛至沓來。最稀鬆平常的遇見，自是走逛喜愛選物店良食鋪時，邂逅在地獨立品牌橄欖油品，常心一熱便下單；時不時瞥到新開張橄欖油坊或品油活動（oil tasting），非得想方設法趕集去，在北灣塞瓦斯托波爾的 Gold Ridge Farm 驚見灣區罕見的法國皮丘林橄欖油，喜不自勝，獨不見鹽漬橄欖，巴巴相問，接待安卓利亞兩手一攤，無奈表示，榨油且嫌不足，輪不到醃漬的份。去年秋末逮著機會，去採橄欖盛會湊熱鬧，第一次參與橄欖採收，興奮不已，擎著採橄欖專用刷具，哎唷！除了材質是廉價塑膠，簡直和《西遊記》豬八戒的九齒釘耙是拜把來著，採收動作出乎意料的簡單粗暴，舉起梳具，由上往下，朝綴滿橄欖的枝幹使勁刷刷刷，果子像豆大夏日雷陣雨，疾疾掉落預先鋪在樹下的帆布上，抓收布邊朝內靠攏就完成採集。如果我說愛上橄欖採收，你肯定不以為然，說我浮誇，不怪你，因為你不知道，那一次次機械式重複耙梳刮除橄欖的動作有多紓壓？活筋動骨，有種洩憤的滿足，比健身房捶沙包更帶感。

前後院夷平重建拍板定案，我喜孜孜地勾勒採收自家橄欖榨油

的夢幻場景，興奮地和派瑞先生開會，他含蓄卻堅定地秒殺我的異想天開。唉！現實就是如此殘酷，既不是坐擁大把田地的土豪，又貪心，果樹、藥草、鮮花……啥都想種，清單品項能各來一棵就該偷笑。「種棵法國橄欖樹，作為前院的主角吧！」派瑞先生沉思幾秒，如法官宣布判決般宣告，我的自產橄欖油夢碎。去年春，於前院正中央，日照飽足風水佳之蛋黃區，植了株幼樹。入土不久，枝椏竟就冒出星星點點小白花，入秋磨刀霍霍，沒得榨油，整治些鹽滷醃橄欖，一圓法國行以來的長久念想總是成的，台灣女友佩姬蘇秋末遠道來訪，也算自投羅網，抓出公差，手工採集去蒂，橄欖橢圓周身畫幾刀，清水泡兩日去苦汁，續以濃鹽水伺候，二至三個月，期間定期換水，直到鹹度風味皆滿意。接著，再以比例鹽水、蘋果醋和香草調成漬汁，裝瓶浸泡一週，開瓶試味。工序不難但細瑣，近三個月等待更是磨人。嘖嘖！年年這麼來一攤，可怎麼得了唷？一邊嘟囔著，順手拈一顆塞進嘴裡，所有嗔怨化為一抹輕煙，川劇變臉似眉開眼笑，恨不得來年結果纍纍大豐收，漬他個幾打，妥妥晉升漬橄欖土豪呢！

高顏值無麩質紅蘿蔔蛋糕

老爺生日指定款，年年使命必達，終於開發出從一而終版本。食譜麵糊分量以八吋方盤烤很完美，九吋圓盤也行，食材分量乘二，分裝兩個九吋圓盤烤，變身雙層蛋糕，亦或用 9x13 吋方盤烤，彈性十足。

〔材料〕

蛋糕體

100 克米粉

20 克糯米粉或樹薯澱粉（全用米粉亦可）

40 克燕麥粉

2 小匙錫蘭肉桂粉（若非錫蘭品種，請減量）

¼ 小匙肉豆蔻（nutmeg）

⅛ 小匙丁香（clove）

½ 小匙小蘇打粉（baking soda）

1 小匙泡打粉（baking powder）

¼ 小匙海鹽

¾ 杯初榨橄欖油

95 克糖（楓糖、椰子糖或二砂）

2 顆大型蛋

1½ 杯紅蘿蔔細絲，愈細愈好

奶油起司霜

225 克（8 盎司）奶油起司，室溫放軟

57 克（4 大匙）奶油，室溫放軟

½ 小匙香草精

30 ～ 40 克糖粉

（取香料研磨機現打楓糖細粒，即為自製糖粉）

〔做法〕

1 烤箱以 180°C ╱ 350°F 預熱（若用深色烤盤，建議降溫 15°C ╱ 25°F），烤盤鋪上烘焙紙。

2 將前九項食材放入一攪拌盆裡。

3 另取一大攪拌盆，放入油、糖和蛋，手動攪拌器中高強度攪打到質地濃稠，約三分鐘。

4 將步驟 2 粉料過篩，拌入步驟 3 油蛋液裡，倒入紅蘿蔔絲，低速拌勻。

5 將拌好的麵糊倒入備好烤盤。

6 180°C ╱ 350°F 烤三十分鐘，以牙籤插入蛋糕中央，若無沾黏即大功告成；如果還未熟透，烤箱降溫至 170°C ╱ 325°F，續烤直到牙籤取出無沾黏為止。

7 烤蛋糕時，將所有奶油起司霜食材放入大攪拌盆裡，低速打至綿密。

8 等蛋糕完全放涼，均勻抹上攪打好的奶油起司霜。

9 抹上奶油起司霜後的裝飾請自由發揮。

二分之一
豬式會社趴兔

一提到伊比利豬，老饕饞人反射神經似的聯想，十之八九是 Bellota 等級珍饈 Jamon Iberico，風乾後腿火腿。我雖好吃，並不處心積慮追求與其邂逅，以隨緣心態，坐等水到渠成得嘗那一日到來，不料還沒等到生火腿，倒先迎來了在廚房裡料理伊比利黑豬的日常。

爐台鵝黃燈光下，伊比利豬五花在平底鍋上滋滋作響，我感覺十年前，內心曾許下「絕不再向農場直購豬仔」的信誓旦旦，似乎也像五花的豐沛油脂，被慢慢馴服，融成一片小汪洋。咬下第一口日式叉燒，外酥香，內腴軟，我的天老爺！最要命的是，竟全無一般美國豬的騷腥氣，這肯定是奇蹟，我雙眼圓睜，嘴巴張成大寫 O，生怕錯覺似的再咬一口，絕對是拜餐餐以橡實裹腹之賜吧！脣齒舌間滾動的油脂，帶著清新香氣，入口即化的肉塊隱隱帶甜，伊比利黑豬的的確確是移居美國二十餘年來，嘗過最令我動容，只差沒落淚的豬肉，沒有之一。

這回，徹底栽在伊比利豬身上了，不可恥，畢竟是西班牙國寶、神戶級豬肉，歐洲傳奇食材之一，而且農場就在納帕酒鄉以北橡樹森林裡，不必從西班牙或其他州空運，就有幸得嘗，食言而肥就食言而肥，也沒礙著誰。食畢晚餐，臉上掛著饜足的笑，電腦鍵盤上一陣敲打，速送飛鴿一隻到 Encina Farms（Encina 是西班牙語的橡樹，暫譯橡樹農場），阿莎力的吆喝：「老闆，

給我來半隻伊比利豬。」好啦！以上是省略飛鴿裡，往往返返諸多細瑣問題，四捨五入後的豪邁說法。即便下單心意已決，但該問的還是不能省。畢竟，多年前，買半豬烙下不小心理陰影，加上尊貴伊比利豬，膝蓋想也知，身價沒鍍金也是披銀，豈能等閒視之？

進行對話窗口，是農場老闆之一的漢姆特・德魯斯（Helmut Drews），有問必答，知曉負責後續分切包裝的肉販搭檔，是東灣剛崛起，以支持永續土地復育獨立牧場為己任的新時代肉品商行 Cream Co. Meat，也令人感到安心不少。冷凍小量分裝出單，大灣區免費配送，唯一不理想是，部位切割固定，謝絕客製，畢竟此舉既不符經濟效益，也易引起客訴糾紛，不難理解。看著漢姆特傳來的切剖細項，發現西班牙不愧食豚大國，對伊比利豬的切割與美國較之，多幾分講究，除開歷史悠久，原廠出品基因就是好，輔以後天野放盡情嚼食橡實的豬仔，值得被以敬謹的心割烹之外，跟國情民族性，或許也不無關聯，美國飲食一向重牛輕豬，又是個大剌剌，且不信膾不厭細那一套的國家，反映在全豬大卸八塊的對待上，亦屬合理。

總的來說，基礎切割如五花、里肌、肋排等主流部位並無大不同，但伊比利豬多了幾個特殊部位，特別招人愛的有二：嫩肩頸肉（Presa）與前腿內側肉（Secreto），皆來自極其隱密的所在，前者約在上肩與前腿上方交界，因其獨特而有豬肉魚子醬的別號，這塊肉是眾所周知的厲害，煮前紅豔如牛肉，質地不可思議的柔軟，霜降油花美極，需以處理牛排的手法對待，炙烤到外焦內軟的半生熟度最是理想；而位於肩下與豬肚間的前腿內側肉，西班牙語 Secreto 有祕密之意，顧名思義，就是個內行人才懂的食之門道，量少珍稀，外型不修邊幅，較之嫩肩

右｜在橡樹林過著無憂無慮生活的伊比利豬仔們，莫怪性情溫和，不急不躁。

頸肉油脂更盛，薄小身板，挺好伺候，高溫兩面香煎或炙烤，簡單調味就足以銷魂。搞懂切割包裝，秋末時分正式下單，春日始入手，車庫雪櫃早清空待命，準備迎接伊比利豬嬌客入住，將三四紙箱真空包裝豬肉分門別類送進凍庫，嘿嘿！接下來不僅一年半載不愁肉糧，最重要的是，總算能仰天長「笑」和豬騷味說：「慢走不送。」

令人驚豔的伊比利豬，吃著吃著就對本尊的尊容好奇起來，橡樹農場就位在納帕酒鄉北邊的大湖郡，隨口探問漢姆特：「有機會能到農場瞧瞧嗎？」他一口應下。五月冬去春來，我們一家如約啟程前往，原以為輕車熟路，足以輕鬆愜意抵達，沒料到一過納帕河谷，無預警進入九拐十八彎的蜿蜒山路，肚裡才裝滿的，來自名廚湯瑪斯·凱勒旗下 Ad Hoc 的豐盛午餐差點不保，倒是，車窗外意識流般迤邐而過的景致，美得讓人把被山路繞暈的滿腔怨念，給默默吞回去，舊金山灣住了十多年，依然有本事讓我年年更愛她多一點。

當日天陰無雨不燥熱，加州連年乾旱，讓一望無際的農場，入眼全是栗黃，僅遠方橡樹林帶來一點蒼綠。「這時間伊比利豬們，大約都群聚在樹蔭下乘涼。」當我們走到豬仔們的活動範圍，漢姆特對著眼前一片空寂靜悄，做出解釋。所幸，農場經理已先一步抵達圍欄邊，高舉紅色飼料桶，企圖引起豬仔們的注意，果不其然，慢慢就看到伊比利豬們慢悠悠地從森林深處搖擺現身，自動自發成一列，並不爭先恐後，老神在在朝著紅桶子方向緩步前進。「這些豬仔耳聰目明，腦袋也不是裝飾品，很快就學會紅桶子出現代表什麼意義。」漢姆特滿意地看著由遠而近走來的黑豬們微笑說，「牠們挺溫和，也不太怕生，跨進圍欄近距離觀察無妨，拍頭摸背都沒問題。」

我們一行人被黑壓壓的豬仔包圍，如漢姆特所說，豬仔們頗淡定，打滾的打滾，漫步的漫步，有些直接在草地上躺平。黝黑精實的身子，翹翹朝天鼻，毛疏腿細烏蹄子，耳掛名牌，臀後有根豬尾巴晃啊晃，長得可不一般，不愧世界名豬。一臉新奇近觀豬仔，一邊聽著漢姆特科普著伊比利豬的身世特質，及農場的理念。一言以蔽之，就是希望在類地中海氣候的北加州橡樹林，遵行西班牙傳統方式，養出一如傳奇般美味的伊比利豬。侃侃而談的他，聽得出做足功課。農場一千二百英畝占地，一

半以上是橡樹林，豬仔進入肥育期，就會被野放其中，除了可盡情大啖橡實，還有牧草、香藥草、菌菇、堅果等，可隨心隨喜搭配服用，粗估每頭豬一天至少步行十英里，嗑掉來自四十棵橡樹的果實，夜宿星空樹蔭，白晝於森林晃蕩覓食，這是伊比利黑豬的日常。「聽起來還不壞啊！」乃是在場所有人的一致心聲。西諺：「人如其食。」（You are what you eat）豬仔又何嘗不是？伊比利豬肉美質佳，深入肌肉的豐沛油脂，是足以和橄欖油比美的不飽和脂肪酸，遂有「會走路的橄欖樹」暱稱，這固然與飽食橡實與野植不脫關係，但大半輩子在橡樹森林裡悠哉過活，四肢發達，心境平和，恐怕也是滋味拔尖的神祕關鍵。

在地球暖化巨大陰影籠罩的這當口，動用大量天然資源的畜牧業，時不時被拿來當箭靶開刀。漢姆特和夥伴阿爾貝托（Alberto）對此亦有思考，並做出因應，橡樹農場採輪替放牧，把對土地影響減到最低；而豬仔於林地曠野覓食，某種程度上，有助預防野火起燃；再者，加州橡樹林經濟效益低微，飽受葡萄園、商場住宅開發的強勢進逼威脅，放養伊比利豬保住橡樹森林，不被砍伐殆盡。農場實行再生農業，不單想護衛土地，更盼望提升生態環境。在西班牙，伊比利豬野放在與牛和其他野生動植物共生共處的生態系統裡（亦卽西語的 la dehesa），千年來皆如是，是值得師法的作為。倒是橡樹農場基於尊重豬仔們愛以鼻子挖土掘地的天性，不師法西班牙替其戴鼻環的做法，在適可而止的範圍內，其實是具有鬆土活絡地力效應的，漢姆特和阿爾貝托認為輪流放牧，是最理想的雙贏選擇。

家世良好，再一路放縱恣意過活，直到被人道賜死那一日，享壽十四至十六個月（一般豬約四到六個月），更別說相對更友善環保的經營，伊比利黑豬的市價公不公允？是自由心證的問題。我的想法沒那麼多彎彎繞繞，質恆勝於量，覺得貴，就少吃點、瘦身、健康、環保、愛地球，全贏，簡直不能更好。

台式香煎伊比利豬排

好食材是王道，有了伊比利豬，靈感被激活了，繼日式叉燒後，再度攻克台式香煎豬排，醬汁醃一日是通往外香酥內軟嫩，口口滋味俱足的致勝關鍵。

〔材料〕

食材
4 片約手掌厚去骨豬排（以肉錘敲打斷筋）

醃料
4 大匙醬油

1～2 小匙薑泥

1 小匙楓糖漿或二砂糖

½ 小匙白胡椒粉，現磨尤佳

1 小匙米酒

2 小匙麻油

1 個蛋，打散

沾粉
適量番薯粉

十三香（或貝果鹽），可不加

煎油
印度純淨奶油（ghee）或手邊耐高溫油脂

〔做法〕

1　將所有醃料放入保鮮袋，放入處理好的豬排，翻動混拌，確保肉排全面沾染醬料。冰箱冰鎮隔夜，二十四小時以上尤佳。

2　番薯粉置淺盤（若要調味，此時一併混入）。

3　以紙巾擦拭肉排上的醃汁後，均勻裹上沾粉，靜置十分鐘。

4　加熱一八吋平底鍋，倒油（比平時香煎用量稍多），油開始冒煙時，放入肉排，煎至兩面金黃香酥。趁熱食用。

〔配菜提點〕

適合以清爽沙拉或快炒青蔬來平衡豬排的肥腴口感，另外再搭一味醋漬物也很適宜。

二十四小時不打烊之
有機蔬果路邊攤

二十四小時無休、獨家鮮摘有機蔬果、隨機掉落補充、放養雞蛋、欲購從速之天然發酵酸麵包、從缺售貨員、榮譽付費登記制、附設小藝廊、歡迎參觀……，忘了具體是在哪個刊物讀取如上，關於福音平地農場（Gospel Flat Farm）蔬果路邊攤的介紹，畢竟是十多年前的事了，但被這些陌生語句衝擊的心情，至今記憶猶新。彼時，當我好不容易把儼然像外星概念的蔬果路邊攤關鍵字，像堆疊樂高一樣，在腦子裡具象架構起來時，除了滿滿匪夷所思，就只剩如潮湧的問號與驚嘆號。

簡直像天方夜譚一樣的地方嘛！說什麼也得親自去瞧瞧。不知是不是巧合，此別無分號的蔬果路邊攤，座落在北灣馬林郡神祕小鎮波琳娜，一個在地人老愛公然拆掉或故意把路標轉向，千方百計阻撓打卡遊客蜂湧而入，一心想護住老嬉皮情調，以不按牌理出牌脾性自豪的偏鄉僻壤，會出現這樣一座路邊攤，倒顯得理所當然。毫不意外，朝聖那日，繞了點路才抵達，打量眼前掛著 Farm Stand 招牌的古樸木屋，心想：說是路邊攤，未免有點失禮啊！環視前廊規畫成井然有序的攤菜架，中間擺了張飽經風霜原木長桌，上頭陳置著新鮮採摘、隨手攏成一把把不假掰的農家花束，還有一付款指示牌、一只投現用饒有年歲的鐵盒、電子秤及包裝紙袋什物，排列簡單明瞭。說是二十四小時營業，但晨時人才有餘裕挑精揀肥，依然是雜貨採買硬道理。

「這也實在太酷了！」我把還帶泥沾露的東京白蘿蔔放進袋子裡，一邊以難能置信的口吻對老爺說，心情堪比發現新大陸。採買、結算、付款，依指示於農場漬記斑斑的記事簿上，詳列購買物件。正事辦妥，總算能好整以暇走逛探看，附設小藝廊，原來埋伏在菜攤後方，彷彿跨進另一個平行時空，挑高 A 字形天花板上頭，嵌著電動鐵門裝置，估計是車庫改裝，漆成亞麻色的空間，淡淨敞亮，腳下鋪著滿布光榮刮痕、走來頻頻發出嘎吱響的木地板，飾以木櫺的方窗，透進恰到好處的天光，濡染出如黑膠唱片般的暖舊情調，牆面錯落吊掛新銳藝術家畫作，每一幅都像一個黑洞，駐足端凝片刻，便要不由自主跌入。步出藝廊，瞬間被蒼蘢綠意環擁，像搭時光機回到地球，趔過一座窄橋，老樹幹上手寫小告示頓入眼簾：「這裡是農場所在，我們一家居住於此，遇見時，請記得微笑說嗨！」哎啊！原來攤上蔬菜果物，都打這塊田裡來，簡直是難以超越的最短碳足跡紀錄，難怪能隨時機動補充架上菜式。那日返家，快手整治戰利品，沒什麼比當季新出土的食蔬更省心，隨手抓來炒嫩蛋，切切拌拌一盆墨西哥莎莎醬，極簡油醋輕裹奶油萵苣，不必絞腦汁，就吃得眉開眼笑。

福音平地農場的蔬果路邊攤，無疑是業界先驅，雖不敢鐵口直斷，但推估大灣區（尤其北灣西馬林和索諾瑪郡）農場直營果蔬路邊攤，漸成一股在地另類食潮，其功，絕不可沒，這兩年更是風風火火地擴張，背後推波助瀾神助攻，正是把全世界搞得人仰馬翻的新冠病毒。當灣區居家隔離鳴槍起跑，口罩、手套、消毒液全副武裝，在超市密閉空間衝鋒陷陣，搏命演出，時不時落得只能望著空荒如世界末日的貨架興嘆，相較之下，遠離塵囂人潮的鄉間蔬果路邊攤，手挽提籃，愜意採買滿櫃架

右│福音平地農場的路邊攤，可以看出主人乃藝術科班出身的些許端倪。
右下│Tierra 蔬菜農場路邊攤，其果物裝飾很吸睛。

精神抖擻的時令蔬果，簡直是亂世中求之不得的小確幸。農場自然也嗅到這股需求，光速搭起木棚子，敲鑼打鼓的開張。疫情吃緊時，吾家總打著張羅民生必需品之名，從東灣一路飛車往北，先抵索諾瑪市的墨西哥餐廳 El Molino Central，提領預訂好的墨西哥玉米粽（大愛豬肉口味，入口即化，成打買，凍起來，以備懶病發作時上場救援），下站 Tierra Vegetables Farm，順道帶上乾豆子和乾辣椒，再拐進聖塔羅莎鎮中心的 Miracle Plum（休業轉型中）領回官網下單的米、麵、香料，若適逢草莓季，回程不管時間如何窘迫，都必需拐到派特路馬的 Stony Point Strawberry Farm 路邊攤，拾一大袋甜汁四溢、香息盈鼻的草莓鮮摘返家。

愛上蔬果路邊攤，是遲早的事，或許，用食髓知味進而著魔來形容，更為恰當。公路旅行馳騁鄉野道路上，吹風賞景外，必不忘四面張看告示牌。呼嘯而過後，再減速來個甩尾大迴轉的行徑，簡直家常便飯，老爺從初始面露不耐，邊服從指令倒車，邊碎念嘀咕，到如今，瞄到蔬果路邊攤告示，不需請示，便自主靠邊，哦！先別向我致敬，和太座調教有方無關，根本是過往路邊隨機採買戰利品太過可口，味蕾被妥貼收買所致。十幾年來，每攻克一蔬果路邊攤，便在腦海虛擬地圖插上踩點旗幟，那可是我的獨家專屬藏寶圖，這些蔬果路邊攤，像散落在旅路上的珍珠，等著被有緣人一一拾回。

即便蔬果路邊攤，已經無縫融入吾家購菜日常，對榮譽付費制的攤子能存活下來這檔事，每每想到仍嘖嘖稱奇，不可思議，不止存活，福音平地農場據說後勢看俏呢！對此，主人米奇・麥區（Mickey Murch）表示：取而不付的人肯定有，就當是接濟生活困難的同胞，相較之下，更多的是，慷慨超額支付的好顧客，故每季結算，收益幾乎都超出預期。當初會如此大膽嘗試，其實只是放手一搏，學藝術的麥區從父親手裡接下農場，耕作

右｜
路邊攤附設小藝廊，
前所未有的創舉，
造福了在地藝術家，
也讓農場路邊攤更加與眾不同。

是他的熱情，半點不想把時間花在運送收成，翻山越嶺地到處擺攤農夫市集的瑣務上，靈機一動結合藝術專長，推出這麼個前所未聞的蔬果路邊攤兼小藝廊，竟是一炮而紅，近悅遠來。要我以蔬果路邊攤死忠粉的角度看，交關榮譽制攤子，心態上反而變得「斤斤計較」，寧願多給，不願少付。

現金咚一聲，掉進鐵盒裡，側頭正好與隔壁買家棕髮太太對上眼，彼此會心一笑，自我良好感如炊煙升起，對人性似乎又多了一小撮信心。目光下移，瞥見她手提著鼓鼓一袋，綠中帶著紫色紋身的義大利寬身鮮扁豆。「那個龍舌羅馬豆，妳都怎麼料理呢？」忍不住好奇探問。「通常只用橄欖油三兩下快炒，有時間餘裕，就先煸香洋蔥碎和培根，再和掰成小段的豆子同炒，只要當季嫩採，好像不管怎麼做都很美味啊！」棕髮太太大杏眼圓睜，聳聳肩，以一副沒什麼大不了的語氣說。「那妳呢？怎麼整治黏乎呼的秋葵？」一臉備感困擾的表情。「我家百吃不膩的做法，就是直接剖半，平底鍋燒熱油，兩面煸至金黃焦香，灑上海鹽，一點也不黏乎。」我們接著互相展示戰利品，交換治菜法寶，然後互道珍重再會。你能想像這樣的對話，發生在亮晃晃冷冰冰的超市嗎？之所以迷戀蔬果路邊攤，潛意識裡圖的，也許是現代社會裡比皇冠上的紅寶石更稀貴的情意溫暖。

清單

蔬果路邊攤採買須知＋地圖

1.Gospel Flat Farm @ Bolinas

詳見內文。

2.Single Thread Farm @ Healdsburg

希爾斯堡米其林三星餐廳姐妹作，賣的是直屬農場和餐廳出品或嚴選好食好物，占地廣袤氣派，雖然自謙為 Farm Store，可不管外表內涵，都算不折不扣選物店了。

3.Little Wing Farm @ Point Reyes Station

雷斯岬—派特路馬大道路邊最美的風景，出售四季鮮蔬、果物、花束，偶有鵪鶉蛋，節慶時會有手作花圈，榮譽付費制。二〇二四年八月重新開張。

4.Tenfold Farmstand @ Petaluma

原本只是自家門前安置兩間儲物小木屋，賣點自種有機蔬果，不料生意風生水起，為應付需求，開始聯合附近小農，租賃在地廢置國小學堂，擴大營業，如今不只鮮蔬、果物、花束，還有手作好食調料、肉類、蛋品等，週五更新增快閃烘焙車駐點，賣場布置雅致可愛，販售時間能延長就完美了。

5.Tierra Vegetables Farm @ Sonoma

位 101 高速公路旁，白色農舍上繪著大草莓圖案的路邊攤，吸睛可愛，除四季蔬菜穿插些許水果，其新鮮乾豆和各式墨西哥辣椒享譽灣區。

左｜農場路邊攤賣的蔬果，看起來就是特別真誠接地。

6.Stony Point Strawberry Farm @ Petaluma

旗艦產品草莓，灣區屬一屬二拔尖，產季約五到十月間，間或出售其他莓果和蔬菜。

7.Blackberry Farm @ Bolinas

一見鍾情的迷你農攤，位置隱蔽卻不隱其華，販售品項很率性，如有機彩虹蛋、插花花束、祖傳品種水果及香草、在地手作物事及凸版印刷文具紙品，算是文青農場路邊攤。走訪波琳娜（請參閱第 174 頁），值得繞道前往。

8.Soul Food Farm @ Vacaville

位前往沙加緬度要道上，種植花卉及橄欖樹，迷你農舍除了賣新鮮及乾燥花束和橄欖油，也上架主人嚴選周邊優質農場良品好物，還有香醇咖啡、糕點擺攤，北上值得拐彎打個小尖的所在。

9.Pie Ranch @ Pescadero

非營利教學農場所經營,歷史悠久,小有規模,除了自家四季蔬果,亦陳售周邊獨立吃食品牌商品,如鮮磨麵穀粉、祖傳玉米粉、果醬漬物,及在地手作藝術家飾品、畫作、陶物和療癒藥草等有趣品項。當然,還有由聖塔克魯茲(Santa Cruz)的 Companion Bakeshop 幫襯製作的各式甜派,限量搶手,最好先電話預定。

10.Stony Brook Canyon @ Castro Valley

一年僅仲夏及初秋開放,地利之便總會抽空前往,主人史考特善聊健談,交關客人皆附近居民,特別有種在戶外轉角菜攤買菜的懷舊感。

11.Swanton Berry Farm @ Davenport

加州第一個取得有機認證及加入工會的莓果農場,對人與地的講究也反應在品質上,旗艦農產品——草莓,在灣區絕對名列前茅,名氣響亮到可以不跑農夫市場擺攤。位在景致怡人的 1 號公路,很難錯過老派黃卡車與草莓的標誌,一旁外表陽春無華的木屋,便是農場路邊專賣店,鼓起勇氣推門而入,會接收到甜派、咖啡與莓果混融香氣的熱烈歡迎。

12. Cosentino Family Farm @ San Jose

在矽谷傳承五代的 Cosentino 家族農場＋路邊攤,確實是當之無愧的在地祕密花園。新接班人還曾在米其林餐廳歷練過,故攤上除了自家及精選農友的鮮蔬美果,還有滿櫃自家廚房依季節果物烹製的瓶罐風乾醃漬好食,值得定時巡田水。

左｜像選物店的路邊攤,擺設可愛,裡頭的物件也挑選用心,最重要的都是在地出品。

六個加州廚房與
蘋果農場

對於一本食書的出版，生出這般引頸翹望的心情，著實感到久違且陌生，但《六個加州廚房》（*Six California Kitchens*）可不是任何一本食書，那是莎莉·許密（Sally Schmitt）半自傳的食譜書呢！莎莉·許密？何方神聖？的確是個即便對灣區飲食動靜知悉熟稔的食人饕客，也不見得聽過的名號。算起來，我是誤打誤撞，闖進她在卸下餐廳主廚頭銜後安居之處，位於安德遜河谷的菲羅蘋果農場（The Philo Apple Farm），巧遇正在農家廚房操持的莎莉，身著寬鬆藍衫長褲，外罩亞麻圍裙，一頭短銀絲柔軟伏貼，笑來眼彎脣揚，慈藹敦厚老奶奶模樣，置身碧綠蒼蒼果園裡的木屋，看顧著爐火上一鍋什物，簡直是童話故事裡最完美的設定。我湊進種著香草的窗子探頭探腦，鼻子都快壓到窗戶上，終於爭取到莎莉的回望。一次和煦如春風的短暫交會，讓我莫名喜歡上莎莉及農場所在的小鎮菲羅，當時的我，不明白那隱形的牽引，閱畢《六個加州廚房》，掩卷之際恍悟，那無形的吸引力叫真誠。

此後，有意無意追蹤關注著蘋果農場的動態，零碎拼湊，驀然驚覺：莎莉全然不是我自以為的傳統美國老奶奶，事實上，若非她對成為鎂光焦點不單興趣缺缺，甚至可以說避之唯恐不及，以她一介女流之輩，非廚藝學院科班出身，無鍍金身家撐腰，也無世襲背景仰仗，和先生唐·許密（Don Schmitt），拎著五個孩子，舉家浩蕩移徙納帕酒鄉的揚特維爾（Yountville），

憑恃對割烹飲食早慧天分，加上自小在廚房裡，黏著母親、姨婆、姑媽屁股後，打轉見習練的廚功，在男人雄霸、女廚稀罕的餐飲業，不僅穩占一席之地，更締造一家之言。在「從農場到餐桌」（farm to table）、「吃四季」（eat with season）、「食在地」（locavore）等詞彙，根本還前所未聞之時，她就已身體力行，點滴落實，與本地小農套交情談生意，賣的雖是平民漢堡、奶昔，講究可沒打折，必需當季新鮮，配送里程力求精短。如斯履歷背景，如果攤點心思包裝經營，今日的莎莉·許密，是很有機會躋身如慢食教母愛莉絲·華特斯、《油、鹽、酸、熱：融會貫通廚藝四大元素，建立屬於你的料理之道》（*Salt, Fat, Acid, Heat : Mastering Elements of Good Cooking*）名廚作者莎敏·納斯瑞特（Samin Nosrat）、麥可·波倫（Michael Pollan）及米其林三星名廚湯瑪斯·凱勒等加州一線飲食大家之列。

可惜天性不愛出風頭，甚至，廚師爲業根本從來不是莎莉的志向，步上此途，或許該說是宇宙最好的安排。遷居揚特維爾後，在唐接手管理的商樓裡，莎莉開了家美式簡食 cafe，某日，她斗膽建議廚師以蘿曼生菜取代西生菜，捨棄五加侖罐頭爆捶漢堡肉排，改以萬能雙手塑形捏就，廚師當場變臉，大怒甩門憤離，莎莉深感求人不如求己，咬牙接手廚師丟下的攤子，自此一往無前。半路披掛上陣代打，卻是一路過關斬將。某年萌生「想在自己空間，開家能完全做主餐廳」的念頭，那一棟最初因一見鍾情即出價置下的，頹敗陳舊，格局出奇，可磚牆檔瓦建造細節卻無處不迷人，在地人喚作法國洗衣坊（French Laundry）的石造老宅邸，是不做他想的好所在。登高一呼，親人至交雜逯總動員，土法煉鋼 DIY，將以前曾是酒館、洗衣店和供膳短居宿舍的建物，改頭換面妝點成正式餐廳的婉約模樣，莎莉理所當然主掌廚房，先生唐擔當侍酒接待，一天一批客人，日日更新 prix-fixe 菜單（單一價位五道菜套餐），用在地季節美果、良蔬、魚鮮、蛋肉整治，信手拈來無黨無派，難

以歸類，卻是足以撫慰食客身與心的佳餚，輕而易舉征服納帕酒鄉一干釀酒師傅、老闆、饕客，無招牌廣告，開幕迎賓天天客滿，一位難求。

沒怎麼花心思幫自己鍍金披銀的莎莉，冥冥中，卻成了將揚特維爾推向全美熠熠閃耀納帕酒鄉必需踩點地的巨大推手，說莎莉的餐廳見證著納帕酒鄉從僻壤無名到備受矚目，並不為過，法國洗衣坊與在地酒莊演繹著扣人心弦的探戈，飛腿翻飛纏繞，納帕酒鄉逐漸昂首揚名，揚特維爾隨之脫胎換骨，於此感覺彷彿有什麼就要一觸即發的時刻，莎莉起心動念高掛圍裙。消息一出，接手對象絡繹叩門，亦不乏於全美大城開枝散葉連鎖經營的野心提案，許密夫妻不為所動，直至三星名廚湯瑪斯・凱勒求見，那時的他自紐約鎩羽，身無分文，猶存壯志，籌謀另闢戰場，捲土重來。登門時，莎莉一貫於廚房忙忽操持，放他獨自裡外踅梭探看，駐足庭園香草花圃沉思良久，返身入室，堅毅的臉上已寫著答案。談妥數字，兩袖清風的湯瑪斯・凱勒卯勁集資籌財，費時一年半才完成交易。許密夫婦守諾靜候，成就了米其林三星餐廳法國洗衣坊，雖說鑽石注定會發亮，誰又敢斷定，若與法國洗衣坊失之交臂，湯瑪斯・凱勒的戰績能否如今日一般輝煌？

莎莉對湯瑪斯・凱勒將法國洗衣坊帶向非凡且難以企及的巔峰，自是感到驕傲，但也僅止於此，她心裡始終有個堅定不移的錨，維持家人親情與事業間的魔鬼平衡，是一生的追求，想望簡單，卻無比棘手難纏。奧斯卡紀錄片導演小金人得主班・普勞傅德（Ben Proudfoot）拍攝的紀錄片裡，莎莉坦言：「如果我想摘星，奮力一搏並非不可及，但生活也將被搞得天翻地覆，我深知那不是我想要的，再多名利、掌聲、殊榮，都無法動搖。」在派對結束前從容退場（Leaving before the party is over），是莎莉的座右銘，在最美好的時刻，莎莉和唐決定移

居菲羅，入住由女兒、女婿打理的蘋果農場。當年臨時起意入手宛如廢墟般的荒原破屋，在一家都是手作達人的許密家族攜手合作下，再次施展翻新法國洗衣坊的魔法，打造出一個隱於溪畔深鄉的人間小天堂，廣袤園地裡，種滿八十餘種祖傳蘋果樹，一間蒔花弄草、處理庭園植栽的木棚子和溫室，幾片蔬菜香草花圃，三間錯落農莊的度假小木屋，一棟古樸盎然木造主屋，不意外，偌大廚房出自莎莉手筆，向日葵般溫暖氣息，充塞每個角落縫隙，她在這裡傾心相授割烹廚識，慢慢琢磨出這輩子唯一著作《六個加州廚房》，蘋果農場的廚房，在書裡排行老五。

書甫上市，我一時大意誤判情勢，與一刷錯身，苦等數月，總算把它揣進懷裡。迫不及待端一杯爐火煮就焙茶奶茶，捧書慢品細讀。由舊金山紀事出版操刀，青白淡雅底色，襯著細筆勾勒廚房物事插畫，裝幀大方怡人，有精裝咖啡書的氣勢，卻又不失親和力，全書按著進駐過的廚房娓娓細數韶光，各個階段裡的廚事廚思，不單是莎莉個人的回憶錄和食譜，字裡行間還能拾綴出納帕河谷從無名到崛起的點滴，行文一如其人，誠摯端凝，不花俏，不刁鑽，更沒有主流自傳讓人膩味的自戀耽溺，語調宛若有一身真材實料走廚本事的老奶奶，溫言述說、諄諄傳授經驗智慧撇步，許多地方看得我點頭如搗蒜，頻頻擊掌叫好。再說到食譜，自學出身的莎莉，廚藝食譜自成一格，直覺與個人味蕾偏好，是其揮鍋弄鏟最重要導航，收錄方子簡繁皆備，從基本烤馬鈴薯、草莓酸奶奶昔、火雞肉三明治，到華麗香煎鴨胸佐金柑芥末淋醬、小牛胸腺褐菇溫沙拉、燉羊腿佐番紅花庫司庫司與番茄碎丁等，亦不乏經典料理巧思妙變，除非新手上路，並不算太難駕馭。

原本如意算盤是這麼打的：拜讀《六個加州廚房》後，走一趟安德遜河谷，下榻蘋果農場的藍門木屋，幸運的話，也許在庭院

上｜在後院花園裡，捧書翻閱莎莉‧許密的書，
是一種平凡但雋永的享受。

裡與莎莉不期而遇，內心狂喜，但面上不顯山露水，一派淡定
表達對新書如縷不絕的喜愛，若莎莉看來精神矍鑠，便順勢把
早早琢磨的問題拋出來，想得喜孜孜，但現實卻是計畫趕不上
變化。大約書出版問世前一個月，歡慶九十大壽五天後，莎莉
與世長辭。瞧見蘋果農場的 IG 發文，怔半晌，才終於完整消
化了這訊息。對外界來說也許突然，但我合理懷疑，一切或許
又是莎莉精心算計的退場，了卻出書願想，手捧成品，在上市
敲鑼打鼓熱鬧推書前，含笑離去，畢竟她從來不喜成為注目焦
點。以世俗眼光揣度，莎莉‧許密的一生，也許談不上功成名
就，那也從來不是她的目標，她活得真切勤懇，做擅長的事，
無時無刻為愛與所愛的人環繞，直到生命終點，在我看來，這
是最了不起的人生。

安德遜河谷這樣玩

奔維爾／菲羅於我意義非凡，算是從東岸移居灣區，首發在地小旅行目的地。要怪《美饌雜誌》(*Gourmet Magazine*)扉頁所描述，莎莉·許密的蘋果農場所在之安德遜河谷太迷人，一個充滿爆發力，卻安於悠緩步調，甘於屈居納帕酒鄉光環，只求成為獨一無二的自己的地方，無怪乎莎莉·許密選擇在此處，消磨自法國洗衣坊退休後的生活。其實，能將生性愛高冷氣候、嬌氣難纏的葡萄品種，如黑皮諾(Pinot Noir)、灰皮諾(Pinot Gris)及瓊瑤漿(Gewürztraminer)，伺候得眉開眼笑，釀出拔尖好酒的安德遜河谷，之所以多年來，還能悠哉偏安一隅，不被外界染指，絕不是因為沒有財團虎視眈眈，也並非懷高才不遇，掘根究柢是上天的安排，安德遜河谷對外僅得一條狹長彎繞128號公路，搶灘開發大不易，估計和台東至今仍是世外桃源的情況異曲同工。

這倒是稱了我這種不愛湊熱鬧、哪兒冷僻哪兒鑽的怪咖之心。

如果你和我有同樣毛病，下榻處不搞定，無心排行程，這裡有兩個不錯的選擇。其一是由莎莉大女兒和女婿打理的蘋果農場，有三棟小農舍及一間附美麗窗景的上房，坐擁蘋果樹林、菜圃、花園、玫瑰花架環繞，春花盛放季節，肯定能比美仙境了。若不下榻，還是能拐進來農場附設路邊攤巡禮一下，幸運的話，能挖到美味珍寶。另一處由大兒子強尼主理、孫子派瑞掌廚的Boonville Hotel，多年前曾下榻，設計擺設介於手作與文青之間，雅致又帶著暖意，最是難忘姹紫嫣紅、植樹扶疏的後花園，在那兒見識到何謂無光害星空，點點繁星鑲嵌在絲綢般的夜空，畢生難忘。旅館優先住客下訂的餐膳，食材口味都很是講究，不只方圓裡，就算放在舊金山城裡評

比，也是拔尖。旅館幾年前開疆拓土，參夥對街烘焙咖啡店 Paysanne，店頭陳設可愛得緊，初訪時，我一眼瞅見甜點櫃裡，竟然端坐著模樣正點的可麗露，內心暗忖：肯定背景不凡。明察暗訪，果然又是許密家族出品。這還沒完吶！咖啡店旁的柴燒薄皮披薩店 Offspring，也是旅館姐妹作。不遠隔壁 Farmhouse Mercantile，則是蘋果農場女主人凱倫的斜摃副業，不走餐飲路線，改走八九不離十的杯盤廚房道具居家用品選物，延續一貫舒馨農舍好品味風格。莎莉・許密在《六個加州廚房》裡坦言，自家小孩學業不上心，但個個愛搞東搞西地創作，真是一點沒錯，且都走出一條正道來了呢！

許密家族關係企業告一段落。鎮上 Pennyroyal Farm 有酒，也有「菜園到餐桌」的下酒菜，但直擊我的，是他家小量生產季節羊起司，質地細緻，風味清淨，打破我對羊起司的頑固成見；不喝酒的我，來此地必造訪兩家酒莊：Navarro Vineyard 與 Husch，為的是其人間甘泉般瓊瑤漿葡萄原汁，與其費盡口舌指天畫地的形容，不如有機會親啜一口，不，半口就成，你會明白我內心如潮浪般的澎湃愛意，從此再也不分給坊間冒牌葡萄汁一眼；貫穿奔維爾的 128 號公路旁，共三家農場路邊攤：Gowan's Oak Tree Farm、Petit Teton Farm 和 Velma's Farm Stand，是入住附廚房獨棟旅宿時，理想的張羅食材處。

釀出醇酒之處，必有好山好水，奔維爾也不例外，Hendy Wood State Park 值得踩點，維護良好，小而美的版圖易攻略，輕鬆便能親炙環擁古老參天紅木的神聖魅力，夏日可在納瓦羅河（Navarro River）戲水，帶上野餐籃消磨一日半天剛剛好。然後，請務必沿 128 號公路往太平洋海岸方向馳去，那是我心目中北灣最美公路路段之一。

PHILO
BOONVILLE

Dutch Cookie

左｜公路旁的蘋果園，秋雨過後有另一種寂寥的美。
右上｜Pennyroyal Farm 的可愛羊群。
右下｜Paysanne 有令人驚喜的糕點和冰淇淋。

相約在農場，
不見不散

新聞不斷露出的灣區乾旱地圖，是一大片觸目驚心的絳紅董紫，白話翻譯為極度缺水，九個郡無一倖免。空氣裡漫散著一種束手無策的滯悶，令人感到莫名焦躁，但又無處可逃，溫水煮青蛙莫非就是這般感覺？在幾乎瀕臨潰堤的臨界點，天降甘霖，只是這不下則已，一下竟是前撲後繼的大氣長河（atmospheric river），有時綿長浸潤，有時滂沱激昂，像是要把過去乾旱欠下的雨債，一次清償似地無休無止，心裡犯嘀咕：「老天爺就不能溫柔點嗎？」可一思及往年求雨而不可得的哀怨，又趕緊掌嘴消音，掐滅不知感恩的念頭，面對滿溢成水鄉澤國的災情，似是比無水可用的絕望，好上不止一些。

巨量甘露，讓灣區人憋著的一口長氣，總算能順利釋放，同時也明白預告：今春山巔、平野、溪邊、海岸，必將野花綿延如畫似錦。這是個好消息，尤其對我這個打小在鄉野田間嬉耍長大，一輩子固執地做著自擁小農場的春秋大夢，同時也心知肚明，本質根本就不是一塊務農維生的料的傢伙而言，不做農場主人，做農場客人總行，採花、摘果、撿栗、拾菇、耙橄欖，哪個農場敞開大門歡迎光臨，便戴上寬邊帽，跩著白布鞋，揹上帆布袋，掐緊豐收季節，上各家農場湊熱鬧去。不必煩惱天災人害蟲禍，不怕腰痠背疼、氣喘如牛，只管坐享其成。嘿嘿！人生走到這個階段，早已認清現實，農場後援啦啦隊角色更適合我，最多最多，就是得閒時，後院小菜圃種這種那的扮家家，

過個癮就好。

這世界一樣米養百樣人，有人專門搜集米其林星星，以食遍五湖四海星星餐廳爲樂，多金矽谷也算集散地了；還有所謂Aman Junkie一群，安縵旅店開到哪個天涯海角，就包袱款款上那兒消遣度假；以搭盡各家航空頭等艙，鑽研箇中眉角爲職志者，亦所在多有，也不盡然都是以追逐頂級享樂爲目標，畢竟，青菜蘿蔔各有所好，美國某男就以麥當勞吃透透爲畢生志向，專攻國家公園熱門營地的狂熱分子，比你我想像中更多，而我的古怪癖好，是逛遍心儀農場。表妹陳A表示，這真是個特別有趣的嗜好，雖然打哪兒來不可考，但隱約覺得和小時寄居南投偏鄉外婆家的經歷不無裙帶關係。心理學家不是說：六歲定終生嗎？若此言屬實，農家基因恐怕早在血液裡流竄潛伏。移居灣區，在本地如火如荼的「不時不食」、「吃在地」及「不能不知道食物從哪裡來」的飲食運動裡被滋潤將養，便一發不可收拾了。

初始也許單純爲了吃，畢竟吾乃天生不折不扣的吃貨，獵奇食材雷達隨時打開；下餐吃什麼？是日日必需認真回答的問題；和五湖四海吃貨說食談吃，是僅次於吃，最令我歡喜的事；正統園藝乃蒔花弄草，我則對搞懂「有什麼可以種來吃？」更加興致高昂，要說我沒情調，或許只因咱非同道中人。曾幾何時，走訪農場，眼裡不再只有吃吃吃，鮮採季節果物U-Pick之外，賞花、採花、農事學習、共餐、品嘗、手作或各種導覽等，無一不歡，手刀速搶入場券是一定要的。每次親炙，都像在空白畫布上落下的一撇一捺，由起始的渾沌，漸次渡到具象鮮明，滋養的不只身體，還有精氣元神及心靈，走進農場菜圃，踩上泥地那一刻，總神奇地油然而生一種回「家」的感覺，靜定自在

右｜我是不折不扣的農家子弟，每次走訪農場都像回「家」。

中，又帶著一番莫名的澎湃喜悅。對原廠配備敏感易焦慮體質的我而言，要說農田野地是世上唯一讓我能頃刻忘憂，瞬間多巴胺噴發的奇幻地域也不爲過。

在不計其數的走踏行程裡，壯大了飲食智識，解鎖了實用耕植技能，理解了些許農事奧義，領受一二農耕不爲人知的辛酸艱難。最最神奇的理解是，其實，如果想要躺在地上打滾耍賴怨天怨地，農友根本不愁沒得大做文章，野火、乾旱、暴雨、狂風、疫情、地球暖化與病蟲，前撲後繼地來，有時還成群結隊呢！但從來在農田野地感受到的，是一派「兵來將擋，水來土淹」的淡定豁達，打斷手骨還是要顛倒勇的拚勁，近乎頑固地堅信下一季會更好。你說嘛！在這般地域，怎麼能不被感染、被療癒？心裡藏的這些那些，原本感覺天大地大的事兒，忽爾變成沒事找事，小題大作。也曾經天眞又純情地想著：買個幾畝地，種東種西種南種北，不到一柱香時間，便很識時務地知難而退，只有我這種半吊子農場鄉巴佬，才會對務農還存有不切實際的粉紅泡泡幻想。農人都是眞正的硬漢，有我望塵莫及的堅毅、韌性、樂天及能屈能伸的柔軟。肉腳如我，閒來無事走逛農場就好。

逛農場聽起來相當接地氣，或說土裡土氣的，逛植物園聽起來，感覺都略勝一疇。偶爾也不免揣度，當鄰居聽聞我們週末將北馳一個半小時，前往有機橄欖園義務幫襯採收，心裡不知做何感想？吃飽太閒？抑或好會過日子？我眞不在意。只能說人各有志，不解釋，農場的好，只有農場控知道。話說回來，也是有銜著金湯匙出生的農場，譬如北灣米其林三星餐廳的專屬農場 Single Thread Farms，想當然，鳴槍開放田野導覽活動初始，門票秒殺。對多數人類而言，令人眉飛色舞的中獎，意謂花花現金入袋；於我，沒什麼比得上在秒殺活動中脫穎而出，順利拿到頂級農場參訪首批入場券，更叫人逸興遄飛的了。位在索

諾瑪酒鄉的 Single Thread 餐廳，開張連續幾年都搶下米其林三星評等。餐廳今年擴張版圖，開放自營農場，推出參訪、農耕見習、養蜂、插花等各式活動，還有與餐廳同級有機蔬菜箱供訂購，並積極布署餐廳品牌良食好物專賣店，販售農場蔬果、花束、香草和三星餐廳祕製調料好食。

說起來，頂級餐廳擁有專屬農場，不是多前衛時髦的概念，納帕酒鄉的法國洗衣坊和舊金山市的 Quince，是兩隻有名的領頭羊，只不過其農場僅為餐廳廚師服務，不對外公開參訪；Single Thread 相較起來，似乎展現不想局限依附三星餐廳光環的企圖，希望與在地社區建立更親密的連結。造訪當日，天清雲白，風和日麗，接待來客的，是親和健談的農場專案企畫總監亞當·史密斯（Adam Smith）。一邊喝著鮮泡小葉茼蒿香蜂草茶，吃著 Single Thread 廚師一早現烤的杏桃櫻桃乾司康餅，聽亞當殷殷介紹農場規模、現況、耕種方式、理念和願景。除農業植耕知識的提問學習，品嘗可食蔬果原始田野滋味，最有意思的，不外乎亞當分享與餐廳廚師們之間的互動，如何增進兩者溝通效率，減少失誤，讓廚房把握鮮摘蔬果黃金賞味時間，整治出色美味佳的割烹成果。「農場與廚房每日必定時交換意見，包括菜單設計及採收資訊，每週廚師分批走訪農場，了解當下蔬果生長，親近農地風土，每季針對播種品項做深度交流。農場和餐廳就位在咫尺方圓，故能即時頻繁交換意見，任何失誤都能在最短時間內糾正。」無疑的，食材鮮度勝在起跑點，絕對是 Single Thread 可以在 fine dinning 料理穩居牛首的關鍵。

燦陽下緩步漫行，說說笑笑，見識了三星餐廳究極的追求。逛農場固然好玩，得以採買伴手無疑更圓滿，Single Thread 深諳謀生意之道，備有 Single Thread 農場專賣店，氣派雅致，一片綠野中，像憑空掉落的設計宅第。參訪結束返回專賣店歇息，人人收穫一枚蕉葉包裹的日式風味米飯糰，作為臨別謝禮。既

來之，必逛之，我在挑高空間來回幾圈，極度按捺之下，帶走一包月神越光米、兩瓶餐廳特製香酥辣油、高湯包和現摘甜豆。件件東西皆有水平，但那包米啊，沙加緬度谷地在地產，絕對是移居美國以來最傾倒的有機白米。這都過了多久了，回回炊飯，還是忍不住笑咪咪地讚嘆。邂逅頂級食材這種好康事，走訪農場 N 次，也不過就遇上這麼一回，但不可否認，中了這樣的大樂透，讓我對拜訪農場這件事，愈陷愈深，再難回頭。

左｜米其林三星農場專賣店拎回的好食，左邊的在地有機月神越光米，讓我深深傾倒。

清單

農場心頭好出列

1.Single Thread Farms @ Healsburg

米其林三星餐廳專屬農場，如內文。

2.Front Porch Farm @ Healsburg

占地百英畝，馬賽克拼貼圖騰排列的園圃，種植花、果、蔬菜、祖傳玉米，少不了橄欖園和葡萄藤兩大台柱，不管農場本尊或市集攤位分身，都是我眼中的最美麗代言。夏天通常（但不必然）有採花、黑莓和祖傳番茄活動。他家三重皇冠黑莓（Triple Crown Blackberry）一如其名之無敵。

3.Gold Ridge Organic Farm @ Sebastopol

種植橄欖、柑橘、英國薰衣草和祖傳蘋果。地中海風格建物裡，設有禮品店及品油區。平常可即興造訪，想更進一步了解關於油品滋味、農野風土及種植理念，可預約專屬時段。

4.Boring Farm @ Sebastopol

因受傷中斷現代芭蕾舞者職業生涯的瑞秋·波林（Rachel Boring，Boring是瑞秋的姓氏，和「無聊」一點關係都沒有），從東岸喬治亞州來到酒鄉索諾瑪尋找人生方向，在幾個農場打工，一時腦熱，買下一大塊被遺忘的荒蕪田地，打造成如今小有名氣的自採覆盆子莓園。六月至九月預約制採莓。與 Gold Ridge 有機農場是鄰居，可合併到訪。

左｜我心目中最具美感的農場，連招牌都不馬虎呢！

5.Bird Song Orchard @ Watsonville

在高科技業賠掉健康的娜汀·雪佛，身心俱疲之際，決心投入自然懷抱，莫名地就打造出專搜羅單一果物多元品種的獨一無二果園，水果之外也種花，並隨機養了一群包括美洲駝、奈及利亞侏儒羊、羊駝、庇里牛斯山犬、澳洲鴯鶓、流浪貓等寵物。四季輪辦採花、手作、果樹栽培等活動及課程。

6.Mariquita Farm @ Watsonville

移居灣區，有機蔬果配送第一箱就來自瓢蟲農場，對其自有一番特別情意在。主人安迪·葛里芬（Andy Griffin）左手掄鋤頭，右手拿筆桿，文武雙全來著，疫情後，華麗轉型成體驗型農場，種植薰衣草迷宮、搭建觀星帳篷、安排創意手作農事課等。二十年前初訪時，愛上其清新秀雅，感覺是時候再訪了。

7.Urban Edge Farm @ Brentwood

以自採花卉和果物及農場路邊攤為經營主力，一切都中規中矩，但勝在距離可親，除開寒濕冬季，一時興起想探鮮果，這裡無需預約，不勞搶票，也是東灣方圓，極少數有機自採農場，值得記上一筆。

8.Belden Barns @ Santa Rosa

不只是酒莊的酒莊，故叫 Barns，農倉。老闆夫妻早厭倦傳統酒莊經營的調調，一開始就想反其道而行，除了葡萄藤，特闢一塊種奇蔬異果的地，正所謂有酒有菜才是完美，據說乳酪製造也在排程中。可想見，農場主辦活動也特別有趣，如踩葡萄、復活節時不找彩蛋找軟木塞、許願樹等，是極少數我有興趣造訪的酒莊。

**FARM
VISIT**

9.Chileno Valley Ranch @ Petaluma

有點隱密，像個世外桃源般的迷你農
莊，秋天開放預約採蘋果和梨子。這
裡特別討我歡心，因爲可從容安排一
趟一日遊，採果畢，殺至派特路馬的
Pearl 午食，之後逛選品店 Good Gray
消消食，回程繞至市區 Angela's Ice
Cream，來球口味總是令人驚喜的冰
淇淋。如果時間掐得準，晚餐在里奇
蒙大橋旁海灣有樂團駐唱的戶外餐廳
Sailing Goat 用餐，其炸魚腓力與薯條
是一絕。

10.Forage SF @ Oakland

非農場，但值得列入，專門規畫灣區
在地另類野採行程，如撈海帶、採野
菇、撈蛤蜊、辨識野菜野植，僅此一
家，別無分號，充實內容，自然也反
映在入場票價上。

上｜十一月是拜訪橄欖園的好時節。
中 & 下｜Belden Barns 的葡萄收成活動特別有新意。

相約在農場，不見不散　265

edible EAST BAY   Café Ohlone •

edible SAN FRANCSICO™   HATCHED: DIG

edible MARIN & WINE COUNTRY

edible EAST BAY

edible EAST BAY   Remembering Margo Rivera-V

edible MARIN & WINE COUNTRY

edible EAST BAY   Brentwood U

edible EAST BAY   Oyst

edible EAST BAY

edible EAST BAY

edible MARIN & WINE COUNTRY

edible EAST BAY   Chetwvn Farm Avo
edible MARIN & WINE COUNTRY

edible MARIN & WINE COUNTRY

edible EAST BAY   Wine and Dive
weedos • Kula Nurs

edible EAST BAY   Brentwood U-Pic

EDIBLE SILICON VALLEY
edible MARIN & WINE COUNTRY

edible EAST BAY   Afternoon Tea with Figs • J

edible EAST BAY   Pleasanton Gets its Hops Back •

edible MARIN & WINE COUNTRY

另類在地飲食聖經
——可食雜誌

生爲雜誌人，死爲雜誌魂！這話或許聽來有點浮誇，但不可否認，卽使已經從雜誌圈退役多年，對雜誌依然有份獨特感情，在這個傳統雜誌被網海無料資訊輾壓而節節敗退的年代，幸虧還是有企圖在逆勢中奮力一搏，設定更精準，受眾更具象，企畫更出奇的小品誌不斷推陳出新。

翻閱過的無數紙本雜誌裡，有一本一直是個特別的存在，不，它不講時尚流行，也不談高端設計，推薦好樣物件自然是有的，畢竟那可是雜誌本命，只不過，扉頁間的催敗物件，身價親和，多數無關物欲，相反的，有緣親炙，總能帶給身心靈深度癒療；書裡邀訪對象，非如月亮星辰般高遠，反而，時不時能在生活場域裡相遇，甚至報導的故事可能就活生生在社區轉角上演；廣告一貫不比正文有看頭，但也絕不是令人感到無奈的存在，事實上，廣告主都是在地飲食版圖裡有點意思的商號或人物，時不時得在書角折記，或以螢光筆圈點起來。

這本讓我另眼看待、每見必索取的雜誌叫 Edible，姑且譯爲《可食雜誌》。顧名思義，說的是關於食人食事，可不是一般新餐廳或流行食潮那一類的報馬誌，而是把鎂光燈聚焦於北美大城小鎮，在地有所爲有所不爲的農夫、廚師、飲食工藝家、釀酒人、漁夫身上，再往外擴及主掌家戶餐桌內容大權的煮婦，表彰分享其人其事。這史無前例的雜誌出版，如今在北美已蔓

生成一旗下擁有近九十個版本的出版集團，每年合計出版六百萬份雜誌，各自獨立編輯經營，完全在地取向。以驚人速度崛起的可食雜誌，有一個和雜誌定位一樣很鄰家氣的出發。二〇〇二年，是人生伴侶，也是工作夥伴的崔西·瑞德（Tracey Ryder）和卡蘿·托普利蘭（Carole Topalian），初始只是萌生想發行一份以農人為主角，分享兩人居住所在地歐哈（Ojai）美酒好食動態的簡單刊物，畢竟兩人一人擅文、一人精拍，促成一份刊物，一點也不難。「你覺得叫《可食歐哈》（Edible Ojai）這個名字怎麼樣？」某週末早晨，在後院納涼的崔西冷不防問了卡蘿這麼一句。然後，一切就像雪球一樣，愈滾愈大，最後滾成北美前無古人，後恐怕也難有來者，致力推廣在地慢食的媒體王國。

跳脫讀者身分，從雜誌人的專業角度來審度，《可食雜誌》也著實令我刮目按讚，以在地授權方式經營，在經費拮据受限的情況下，雜誌水平控管不僅沒有走鐘，也沒有壞了一鍋粥的那顆老鼠屎，哪怕只是美加地圖上，一個問十個美國人有八個不知道的小城邊鄉，還是辦得有板有眼，當然，在地物產豐饒，或者人才錢財資源雄厚的地域城市，如波士頓、曼哈頓、布魯克林、舊金山、洛杉磯、聖地牙哥、溫哥華及多倫多，表現自然更加亮眼，時不時我也會隨機上不同官網探頭探腦，看看別處他鄉，這會兒都在關注什麼樣的食議題，然後發現，即使隔了十萬八千里，當下所面對的飲食風土、氣候巨變和困擾，並無驚天動地的差別。由小看大，見微知著，總是用著一派樂觀明亮的口吻，訴說著在地飲食故事。

猶記初次拿到《可食矽谷》，是在帕羅奧圖加州大道上的週日農夫市集，春日陽光一如往常明媚，我和老爺穿梭在喧騰擾攘的人群裡，依著老習慣，循序惠顧我的最愛攤位，不消多時，兩只帆布袋已鼓脹飽滿，快步疾走只想趕緊卸貨，把手上的戰利

品塞進後車廂，行經農夫市場諮詢攤位，瞥見桌案上擺放了一疊顯眼雜誌，封面是新上市嬌俏草莓的特寫豔照，悅目吸睛，雙腳不由自主倒退嚕。「新出刊的《可食矽谷》，免費索取，要不要來一本？」攤位後頭，綁馬尾，身穿粉色格子衫牛仔褲，一雙杏眼因微笑瞇成了新月的年輕女孩，眼色不錯，一見我回頭，馬上機靈地把雜誌遞到我面前，如此殷勤，怎能拒絕？雖然壓根沒想拒絕，畢竟我是連家具目錄都能看得津津有味的雜食閱讀人，更何況是雜誌？雙手接過，點頭致謝。拿是拿了，但無料奉送的期刊文誌，我並不敢寄予厚望，十之八九是披著雜誌外衣的廣宣吧！心裡暗暗嘀咕，翻開才發現，先入為主的觀念，錯得有多離譜，這活脫脫是為我量身訂做的雜誌嘛！

跟著《可食矽谷》走訪半月灣有機農場，聆聽在地景觀設計師如何打造前院可食花園；跟著半島地區「農場到餐桌」推手潔絲·庫爾（Jesse Cool）走進飲食運動的時光隧道，數算幾十年來的點滴轉變；在第一時間品嘗新上市的慢食佳餚，走訪個性十足的商店。食髓知味了，順著《可食雜誌》沿路丟下的餅乾屑線索，從矽谷到遍及整個大灣區，在地飲食動態，輕鬆手到擒來。就算出了美國國境往北行，不管西岸溫哥華或東岸多倫多，也都有在地版能派上用場。數不清有幾回，在陌生城市裡，莫名其妙地被食神給討厭了，預計用膳餐廳因故休業，傻眼又不知所措時，手上剛好有選物店順手拿的《可食雜誌》挺身而出神救援，總算有驚無險敲定 Plan B，且不只一次還托福享用比 A 計畫更舌尖生花的一餐。不知不覺養成擬定旅行計畫前，必先 google 是否有在地《可食雜誌》的習慣。

幾次搬家，奮力和與時俱增的書籍散策斷捨離，《可食雜誌》始終在書架穩占一席之地，於我，它不只是灣區在地飲食聖經，也是美加旅路上的明燈指南，更是增長食識見地，足能信賴的來源。別說扔了，抱緊處理都來不及。

Style 26

裸食日常

不只是裸食，還有舊金山灣滋養我的這些那些

作　　者　蔡惠民（Min）
責任編輯　何若文
特約編輯　潘玉芳
美術設計　Bianco Tsai
版　　權　吳亭儀、江欣瑜、林易萱
行銷業務　林詩富、賴玉嵐

總 編 輯　何宜珍
總 經 理　彭之琬
事業群總經理　黃淑貞
發 行 人　何飛鵬
法律顧問　元禾法律事務所 王子文律師
出　　版　商周出版
　　　　　台北市 115 南港區昆陽街 16 號 4 樓
　　　　　電話：(02) 2500-7008　傳真：(02) 2500-7579
　　　　　E-mail：bwp.service@cite.com.tw
　　　　　Blog：http://bwp25007008.pixnet.net./blog
發　　行　英屬蓋曼群島商家庭傳媒股份有限公司城邦分公司
　　　　　台北市 115 南港區昆陽街 16 號 5 樓
　　　　　書虫客服專線：(02)2500-7718、(02) 2500-7719
　　　　　服務時間：週一至週五上午 09:30-12:00；下午 13:30-17:00
　　　　　24 小時傳真專線：(02) 2500-1990；(02) 2500-1991
　　　　　劃撥帳號：19863813　戶名：書虫股份有限公司
　　　　　讀者服務信箱：service@readingclub.com.tw
　　　　　城邦讀書花園：www.cite.com.tw
香港發行所　城邦（香港）出版集團有限公司
　　　　　香港九龍土瓜灣土瓜灣道 86 號順聯工業大廈 6 樓 A 室
　　　　　電話：(852) 2508-6231 傳真：(852) 2578-9337
　　　　　E-MAIL：hkcite@biznetvigator.com
馬新發行所　城邦（馬新）出版集團
　　　　　【Cité (M) Sdn. Bhd】
　　　　　41, Jalan Radin Anum, Bandar Baru Sri Petaling,
　　　　　57000 Kuala Lumpur, Malaysia.
　　　　　電話：(603)9056-3833　傳真：(603)9057-6622
　　　　　E-mail：services@cite.my

印　　刷　卡樂彩色製版印刷有限公司
經 銷 商　聯合發行股份有限公司
電話：(02)2917-8022　傳真：(02)2911-0053

2024 年 04 月 11 日初版　Printed in Taiwan

線上讀者回函卡
城邦讀書花園
www.cite.com.tw

國家圖書館出版品預行編目 (CIP) 資料

裸食日常：不只是裸食，還有舊金山灣滋養
我的這些那些／蔡惠民著．－初版．－臺北市
：商周出版：英屬蓋曼群島商家庭傳媒股份有
限公司城邦分公司發行，2024.04
280 面；17*23 公分
ISBN 978-626-390-103-2（平裝）

1.CST: 飲食 2.CST: 食譜 3.CST: 文集

427.07　　　　113004240

My Life
by the San Francisco Bay

My Life
by the San Francisco Bay